无试重瞬态高速动平衡方法

杨永锋　邓旺群　任兴民　赵仕博　同梦玉　赵杰鹏　著

科学出版社

北　京

内 容 简 介

本书是作者长期对无试重瞬态高速动平衡方法进行理论与试验研究成果的总结，该方法以实测的转子加速瞬态响应信息为输入，结合转子固有模态信息进行转子不平衡识别。全书的内容主要包括两个方面：第一，依据柔性转子平衡原理，采用载荷识别、频响函数矩阵求逆、模态坐标变换和不平衡激振力特征点识别等方法，识别转子动平衡参数；第二，研制无试重瞬态高速动平衡系统，并且对实验室转子和涡轴发动机动力涡轮转子进行试验研究，验证无试重瞬态高速动平衡方法的平衡精度。

本书可作为力学、航空宇航推进理论与工程、能源与动力工程等相关专业的研究生参考书，也可作为从事旋转机械设计和试验的工程技术人员的参考书。

图书在版编目（CIP）数据

无试重瞬态高速动平衡方法 / 杨永锋等著. -- 北京 ： 科学出版社，2025. 3. -- ISBN 978-7-03-080504-1

Ⅰ. O347.6

中国国家版本馆 CIP 数据核字第 20247RE193 号

责任编辑：宋无汗 / 责任校对：崔向琳
责任印制：徐晓晨 / 封面设计：陈 敬

科学出版社出版
北京东黄城根北街 16 号
邮政编码：100717
http://www.sciencep.com
北京中石油彩色印刷有限责任公司印刷
科学出版社发行 各地新华书店经销
*
2025 年 3 月第 一 版 开本：720×1000 1/16
2025 年 3 月第一次印刷 印张：9 3/4
字数：197 000

定价：118.00 元

（如有印装质量问题，我社负责调换）

前　言

研制先进航空发动机是建设创新型国家，提高我国自主创新能力和增强国家核心竞争力的重大战略举措。转子作为发动机的核心部件，其动力学性能直接关系到发动机研制的成败。随着科学技术的发展，各类转子的性能不断提高，结构日趋复杂，转子系统不断向高转速、细长轴的方向发展，其工作转速往往高于弯曲临界转速。在高转速下运行，即使很小的不平衡量也可能产生较大的不平衡力矩，从而严重影响转子运转的平稳性和可靠性，转子的不平衡故障也会诱发和伴生其他多种故障，如噪声、轴承磨损、动静件的碰摩等。一旦转子的平衡状况得到改善，这些故障也将随之消失。因此，对柔性转子进行严格的动平衡已成为航空发动机设计和制造中必不可少的一个关键步骤。

本书提出的无试重瞬态高速动平衡方法是一种以实测的转子加速瞬态响应信息为输入，结合转子固有模态信息进行不平衡识别的全新高速动平衡方法。该方法的核心是不平衡量大小的识别和不平衡方位的确定，其突出特点是无试重，原始输入是瞬态加速响应、转速和键相信号。由于该方法具有无试重这一显著的特点，因此无须在转子上设计专门的加试重环节和结构，避免了设置加配重面带来的重量增加、应力集中等一系列问题，有效解决了转子可能存在的加试重难的问题。与定转速下的稳态平衡方法相比，无试重瞬态高速动平衡方法只需采集一次加速起车的瞬态响应，不需要转子在高转速下长时间停留，杜绝了高转速下实施平衡操作的风险。无试重瞬态高速动平衡方法不需要转子多次起停车，也不需要专门的平衡设备和仪器，大幅度提高了平衡效率。

本书以无试重瞬态高速动平衡方法为核心内容，从单盘转子、多盘转子到实际复杂转子的高速动平衡，特别是对作者提出的“无试重”这一突出特点进行全面论述，包括平衡理论分析、仿真和试验研究以及实用性的验证等。本书的彩图可扫描封底二维码查看。

本书在编写过程中参考了大量的文献，谨向相关文献作者表达最诚挚的感谢。本书相关研究得到了国家自然科学基金项目(项目批准号：11972295，12172289)、航空发动机重大专项子课题(项目批准号：N2017MC0065)、中国航空发动机集团航空发动机振动技术重点实验室开放项目(合同编号：KY-1003-2023-0010)的资助，在此表示衷心的感谢。此外，博士研究生傅超、夏冶宝，硕士研究生李利辉、刘义豪和周琼协助完成了部分章节的整理及全书的绘图工作，硕士研究生明峰参与了本书的校对工作，在此一并表示感谢。

随着旋转机械领域的快速发展，转子动平衡的理论与分析方法也在不断更新，未来应着重提高无试重瞬态高速动平衡方法的建模精度、分析效率和通用性。

限于作者的知识水平，书中难免存在不当之处，敬请读者批评指正！

作　者

2024 年 9 月 10 日于西北工业大学

目　　录

第1章　绪　　论

在工业化的今天，旋转机械被广泛地应用于工农业和生产生活的各个方面，在电力、核能、石化、纺织、机械、航空航天、船舶等各个领域发挥着非常重要的作用[1]。在工厂中，常见的机器均装有旋转部件，这种旋转部件就是转子。转子及其轴承与支座等部件统称为转子系统。在机器运转的过程中，转子的振动是不可避免的，而振动会产生噪声，导致机器的工作效率降低，振动过大会导致转子的元件断裂，造成恶性事故。因此，如何降低转子系统的振动是旋转机器设计和制造的重要课题。转子动力学是研究关于旋转机械转子及其部件和结构的动力学特性的一门学科，其中包括转子平衡、振动、动态响应、稳定性、可靠性、状态监测、故障诊断与振动控制等。

转子动力学的发展是与大工业紧密相关的。1869 年，Rankine[2]发表了一篇题为“*On the centrifugal force of rotating shafts*”的文章，该文是有史以来第一篇研究转子动力学的文献。Rankine 通过对一根无阻尼的均质轴在初始位置受到扰动后的平衡条件的研究，得出转轴在一阶临界转速之下运转是稳定的这一结论，使得人们相信转子只能在一阶临界转速下工作，而不能超过一阶临界转速。1919 年，著名的动力学家 Jeffcott 研究了一种简单的转子模型(该模型由 Foppl 在 1895 年提出)，得到了转子在超临界运行时会产生自动定心现象，因而可以稳定工作的结论。到了 20 世纪 20 年代，设计与生产了很多种工作转速大大超过其一阶临界转速的涡轮、压缩机、泵转子等，它们的转子都比较轻，但这些转子在使用过程中不断产生严重的振动。美国通用电气公司的实验室对转子支承系统的稳定性进行了一系列的试验研究。1924 年，Newkirk[3]指出转子的这类不稳定现象是油膜轴承造成的，确定了稳定性在转子动力学分析中的重要地位。Lund[4]在稳定性研究领域也作出了重要的贡献。

20 世纪 50 年代以来，航空工业、电力工业、船舶工业、石油化工等部门的迅速发展，从根本上推动了转子动力学的发展。在转子系统不断向着高转速、细长轴(大长径比)方向发展的背景下，各种旋转机械在国防和国家经济建设中的作用越来越突出，对转子动力学的研究也提出了更重、更新的任务，以满足在旋转机械设计及使用中提出的更高要求。转子动力学分析是旋转机械设计中的重要环节，它的任务是预计临界转速，预计转子不平衡引起的振动响应，预计转子失稳的门槛转速，预计转子在叶片丢失、加速或减速等瞬态过程中的响应等。为工程设计提供实用、准确的计算和试验方法，是转子动力学研究的主要目的[5]。

事实上，转子系统的不平衡总是存在的，作为航空发动机的核心部件，当航空发动机高速旋转时，转子质心与旋转中心偏离会引起发动机振动。大部分的振动对发动机来说是有害的，使得发动机的效率降低、载荷增加，一些零部件易于磨损、疲劳而缩短寿命，更甚者引起振动超标，造成停机，以至于带来巨大的经济损失，导致各种严重的事故[6-11]。造成发动机振动的原因多种多样，工程上常见的有转子不平衡、初始弯曲、刚度不对称、不对中、油膜涡动和振荡、旋转失速和喘振、摩擦和松动、密封失稳、齿轮与滚动轴承故障等，若不及时诊断，将会引发碰摩、基础松动等二次故障，加快设备失效。其中，转子不平衡、不对中和碰摩是最常见三种故障[12-16]，但研究和工程实践表明，转子不平衡是引起振动的主要原因。

转子不平衡的形成原因有多个方面，根据不平衡产生的过程可以分为三类。第一类是原始不平衡，这一类型的不平衡一般是由转子的材质不均匀、联轴器的不平衡、键槽不对称、转子加工中产生的偏差和偏心、转子上各个叶片之间的差别和叶片不对中等引起的；第二类是渐发性不平衡，一些特定环境下工作的转子系统在运行过程中，转子的不均匀结垢、不均匀磨损和工艺介质都会对转子的运行产生作用，使得振动值随着运行时间的增加而变得剧烈；第三类是突发性不平衡，这一类型是转子上零部件的突然脱落或者其他原因造成振动值发生很强烈的改变[17]。有关资料统计，不平衡故障约占转子故障总数的30%以上。过大的不平衡会使转子产生较大变形和应力，导致连接松动、轴承负荷过大、工作不良以至损坏。振动传到飞机上则会引起飞机零部件振动，影响仪表的精度、寿命和正常工作，并导致飞机零部件的疲劳损伤，严重时将造成飞行事故。为此必须对转子进行平衡，使其达到平衡精度允许的水平，或将机械振动幅度减小到允许范围内。例如，在研制涡轴发动机T700(装配于黑鹰、阿帕奇、NH90 等型号直升机)过程中，美国通用电气公司为解决动力涡轮转子高速动平衡问题，曾进行了近二十年的攻关研究。国内在某新型涡轴发动机研制过程中，由于其结构复杂、工作转速高和平衡面设置等问题，同样也对动力涡轮转子的高速动平衡进行了相关的科研攻关。

由此可见，转子动平衡在航空发动机的研制中占有重要的地位，其本质是转子制成后采取的一种减振措施，通过在转子某些截面上增加或减小质量，使转子的重心和其几何中心靠近，以及使主惯性轴尽量和旋转轴线靠近，以减小转子工作时的不平衡力、力偶或在临界转速附近的横向振动量，从而减小转子系统和整机的振动。

1.1　转子动平衡方法研究意义

科学技术的不断发展，对航空发动机各方面性能提出了越来越高的要求，如需要达到功重比大、燃油消耗量小、迎风面积小、工作安全可靠、寿命长、维护修理方便等目标，航空发动机的研制成为我国迫切需要解决的难题之一。

现代小型航空发动机转子系统一般在一阶临界转速、二阶临界转速甚至三阶临界转速之上运转。为使航空发动机达到设计要求，即稳定安全运行，整机振动小，使用可靠性和寿命高，就必须对发动机转子进行动力特性分析和严格的动平衡。识别转子的不平衡分布，对转子进行严格的动平衡是降低航空发动机振动，提高使用安全性、可靠性和增加寿命的重要措施，它贯穿于发动机的制造、安装、使用和维护的各个环节，在航空发动机的研制中占有非常重要的地位。对一个现有的转子进行平衡，首要问题是对其进行不平衡识别，得知该转子不平衡的大小和位置，从而确定平衡策略。一般来讲，实际转子系统的初始不平衡具有空间任意分布的形式，柔性转子的高速动平衡一般要求对工作转速内的振型进行全正交平衡，在平衡过程中涉及的平衡转速多、平衡面多。对于高速运行的发动机，其转子系统的不平衡状态是随转速而改变的，从理论上讲，只有在沿转轴方向的无穷多个平面上加校正质量，把转子每一个平面上的偏心全部校正过来，转子才算完全平衡。但这在工程实践中是不可能的，也是不必要的。在工程实践中，只需要在有限的几个校正面内添加等效平衡质量，在几个选定的平衡转速下完成转子的动平衡，就认为转子整体上处于良好的平衡状态。

传统的柔性转子平衡方法所利用的振动信息，都是用一个传感器单向采集的，使用的都是一维信息。这样做是基于转子系统各向同性的假设，在转子各向异性时，传统的平衡方法必然会带来误差，降低平衡的精度和效率。屈梁生等[18]提出了全息动平衡技术，该方法需要对转子布置多个传感器，通过将所有传感器采集到的信息相互集成来反映出转子的真实振动状态，该方法的成功应用可以提高动平衡的效率和精度。同时，诸如神经网络、遗传算法等也因其各自的优点在转子平衡领域发挥着重要作用。

传统的柔性转子平衡方法，无论是模态平衡法还是影响系数法，其基本过程都包括测量转子初始不平衡振动、添加平衡试重、测量添加试重后转子的振动，现场平衡时甚至要多次重复该过程。因此，采用传统平衡方法进行柔性转子平衡是一个费时、费事的过程，一般需要转子的多次起停车，这无疑降低了平衡的效率。在保证动平衡精度的前提下尽可能减少平衡过程的起车次数，缩短平衡周期，是一项很有意义的工作。到现在为止，所涉及的转子平衡方法中还无标准的平衡机和平衡工艺来进行高速动平衡。因此，为提高超弯曲临界转速工作的航空发动机高速动平衡试验精度和效率，采用理论分析、仿真平衡和试验研究相结合的研究方法，基于模拟转子和航空发动机柔性转子的试验研究，发展无试重瞬态高速动平衡方法是一项开创性工作。

1.2 转子动平衡方法研究现状

在 Jeffcott 发现了转子自动定心现象之后，转子动力学迅速发展起来，其平衡理论也在不断地发展、成熟和完善。1907 年，Lawaczek 制造出了世界上第一台动平衡机，随后 Heymann 对其进行了改进，使之付诸工业应用。1934 年，Thearle[19] 提出了采用影响系数的两平面校正法，它标志着转子动平衡基本思想的确立。随后转子动平衡经历了两个历史性阶段：20 世纪 30～50 年代是刚性转子动平衡的发展阶段，在此期间，几乎所有的平衡研究工作都限于刚性转子的平衡及平衡机在刚性转子平衡中的应用；从 50 年代开始，随着旋转机械向高速、重载方向发展，许多转子被设计在一阶临界转速，甚至二阶临界转速以上运行，这样原来的刚性转子平衡方法已无法保证机组的平稳运行，随之开始了柔性转子动平衡的研究。

20 世纪 50 年代以来，研究者已经提出许多转子平衡理论及方法，其中比较完备的方法主要包括两大类：一类是以 Bishop、Gladwell、Kellenberger 等为代表的模态平衡法，或称为振型平衡法[20-23]；另一类是 Thearle、Baker、Goodman 等所提出的影响系数法[19,24-27]。影响系数法和模态平衡法是柔性转子平衡中两种最基本的方法，它们各有优缺点。影响系数法的优点：可同时平衡几阶振型，尤其是对轴系的平衡更为方便；可利用计算机辅助平衡，便于实现数据处理的自动化。其不足之处：高转速下平衡起动的次数多；在高阶振型时，敏感度降低，有时使用独立平衡面可能得不到正确的校正量；如果平衡面和平衡次序选择不当，会在平衡高阶模态时对低阶模态有影响。模态平衡法的优点：在高转速平衡时，起动次数少，且仍有较高的敏感性，使低阶振型不受影响。其不足之处：当系统的阻尼较大时不够有效，振型不易测准；用于轴系平衡时，在临界转速附近不易获得单一振型。为了充分利用影响系数法和模态平衡法的优点，Darlow 等[28-31]提出了混合平衡法。该方法综合了影响系数法和模态平衡法的优点，充分利用了模态平衡法中振型分离的特点来选择各项参数，使得柔性转子的平衡方法更加完善。但这些方法都是基于转子的稳态响应，即借助转子在特定转速下的稳态响应，通过多次起停车来求得平衡校正量以完成转子的平衡。

在平衡精度和平衡效率要求日益严格的现代工业中，“稳态”平衡法将面临新的挑战。例如，某微型涡喷发动机，驱动其转子的高压气体压力会产生波动，必然使得转子的运行转速也会出现一定的波动，很难精确稳定在某一转速下，不能算作严格意义上的“稳态”，用传统的稳态平衡理论对其进行平衡存在一定的偏差。另外，模态平衡法选取的平衡转速接近转子的临界转速，长时间在该转速下停留测量对旋转机械十分不利，而且稳态平衡法都需要进行多次试加重起动才能确定校正质量，平衡周期长、费用比较高。随着转子系统应用日益广泛，各种平衡相关的问题不断出现。在传统稳态平衡法的基础上，针对平衡过程中的一些实际问题，研究者提出了不同的改进方法。为了提高平衡精度，最近几年，一些学者也对平衡过程中的加重方法进行了探索，提出了一些新颖的方法。例如，中国航发湖南动力机械研究所进行了多种型号涡轴发动机的高速动平衡试验和攻关，利用平衡卡箍等[32]辅助装置解决了动平衡过程中的关键问题，并将该项技术推广到所有细长柔性转子动平衡中，取得了较好的成效。

此外，作者所在的课题组在转子动平衡领域取得了丰硕的成果，具体包括：

(1) 在分析转子不平衡加速瞬态响应的基础上，利用不平衡加速响应信息进行柔性转子瞬态平衡[33-40]。

(2) 建立了变速转子的瞬时不平衡响应特征量的精细积分算法，提出了对于复杂高速转子的多阶多转速瞬态动平衡方法[41-45]。

(3) 揭示了航空发动机柔性转子系统突加不平衡的响应特性[17,46-50]。

(4) 在考虑参数不确定性的情况下研究了转子系统稳态和瞬态不平衡响应特性[51-59]。

(5) 提出了无试重瞬态高速动平衡方法，研制了该方法的软硬件系统[60-65]。

本章从转子动力学的起源和发展出发，介绍了转子不平衡形成的原因及危害，从而引出转子动平衡的研究意义和前人为转子动平衡领域所作的贡献，指出了到现在为止转子动平衡的不足之处，以及作者所在的课题组在转子动平衡方向所取得的成果。

第 2 章　柔性转子瞬态响应及其瞬态平衡

本书所提出的无试重瞬态高速动平衡方法是以柔性转子为对象，利用其瞬态响应信息进行动平衡(或不平衡量的识别)，其基础是对转子的瞬态运动机理进行深入研究。对于柔性转子系统，在研究中通常将其简化为单盘转子系统或多盘转子系统。本章利用传递矩阵法，分别推导单盘转子系统和多盘转子系统的瞬态运动方程，充分考虑了系统中不平衡激励力、陀螺力等的时变性，并利用数值算法对转子系统的加速瞬态响应进行求解，通过改变阻尼、加速度、特征盘数目等系统参数，给出了大量的仿真结果。在此基础上，对单盘转子和多盘转子加速起动过程中各参数，如自转角速度、进动角速度、自转角、进动角、相位角等的变化关系和特点进行分析，总结了单盘转子和多盘转子的瞬态运动规律。

单盘转子在整个加速瞬态过程中，特别是经过临界区时的瞬态响应特性表现出了明显的规律。多盘转子在经过每阶临界区时，其瞬态响应特性与单盘转子相比既有相似性，又有区别。相比之下，多盘转子的瞬态响应特性更为复杂，使得利用瞬态响应信息进行动平衡的难度也会更大。

2.1　转子平衡简介

转子平衡就是通过去除材料或添加配重的方法来改变转子的质量分布，使得转子因偏心而产生的离心力所引起的振动减小到规定的允许范围之内，以达到机器平稳运行的目的。转子平衡的具体目标是减少转子挠曲、减少机器振动和减少轴承动反力。这三个目标有时是一致的，有时是矛盾的，但它们必须统一于平衡的最终目标——保证机器平稳地、安全可靠地运行[66]。

2.1.1　转子平衡的分类

按平衡时转子工作转速和临界转速之间的关系，转子平衡可分为刚性转子的平衡和柔性转子的平衡，或者称为低速动平衡和高速动平衡。工程上一般把工作转速是否超过其一阶临界转速作为柔性转子与刚性转子的分界,但从平衡的角度，可按如下方法区别刚性转子和柔性转子：当工作转速 ω 与一阶临界转速 ω_{c1} 之比满足 $\omega/\omega_{c1}<0.5$ 时，为刚性转子；当满足 $0.5\leqslant\omega/\omega_{c1}<0.7$ 时，为准刚性转子；当满足 $\omega/\omega_{c1}\geqslant0.7$ 时，为柔性转子。刚性转子与柔性转子的动力学特性有很大的

区别，因而它们的平衡方法也有差别。

按平衡平面的多少可将转子的平衡分为单面平衡、双面平衡和多面平衡。

(1) 单面平衡。单面平衡是只用一个校正面就可进行的平衡，在下列两种情况下可进行单面平衡：①与直径相比，轴向长度短的转子的平衡，如飞轮、离合器、风扇叶轮、皮带轮等的转子；②不平衡非常大的转子的预备平衡。

(2) 双面平衡。为使转子达到平衡，至少应在转子轴向位置不同的两个平面上加平衡校正量，这样的平衡称为双面平衡。

(3) 多面平衡。柔性转子一般进行多面平衡，由低速直到 N 阶临界转速都存在不平衡问题时，需要选择 N 平面法或 N+2 平面法进行平衡。一些特殊的刚性转子，也需要进行多面平衡，如多缸曲轴等[67]。

按平衡时转速是否变化，可将转子的平衡分为稳态平衡和瞬态平衡。稳态平衡法是让转子稳定在一个或多个转速下对它进行平衡。现有的平衡方法，不论是影响系数法、模态平衡法，还是它们的改进方法，其本质都是稳态平衡法。转子平衡时，理论上应该使转子在工作转速以下的所有转速范围内都得到平衡，但实际上是不可能实现的，只能保证在几个选定的转速上使转子得到平衡。随着对转子平衡工作研究的深入，研究者一直希望能通过转子运转状态下获得的振动信息，经济、快捷地识别出转子的不平衡量，以实现转子的平衡，这就产生了转子的瞬态平衡方法。

转子平衡按平衡方式和工作条件可分为工艺平衡、现场平衡和在线自动平衡。工艺平衡也称为机上动平衡，是指在动平衡机上进行的平衡，其主要应用于转子的制造阶段，消除转子在加工和装配过程中造成的初始不平衡。针对不同的动平衡工艺，有各种各样的专用和通用动平衡机可供选择。现场平衡是转子在它本身的轴承和机架上，利用一些现场测试和分析设备对转子实施的平衡。现场平衡一般是在工艺平衡的基础上进行的，它除了能够解决工艺平衡不能解决的现场问题，还可以进一步提高动平衡的精度。特别对于高速旋转的高精度设备，必须进行现场动平衡[68]。在线自动平衡是指在机组不停车的状态下，通过一种自动控制机构来实现对转子系统平衡。

刚性转子在运行过程中，转子本身的弹性弯曲是忽略不计的，因此可以用刚体力学的办法来处理其平衡问题。

对于圆盘状的刚性转子，选择圆盘面为平衡校正面，通过单面静平衡的方法就可完成其平衡过程。具体做法是把转子放在水平的两条平行导轨或滚轮架上任其自由滚动，盘的质心总是位于质点的下方，经过几次加重(或减重)后，转子的不平衡就能减小到许可的范围内。

具有任意不平衡分布的刚性转子通常采用双面平衡方法对其加以平衡，平衡满足条件[69]：

$$\begin{cases} W_1 + W_2 = -\int_0^l u(z)\mathrm{d}z \\ z_1 W_1 + z_2 W_2 = -\int_0^l u(z) z \mathrm{d}z \end{cases} \tag{2-1}$$

式中，$u(z)$ 为转子沿轴向 z 的初始不平衡分布函数；$W_i\ (i=1, 2)$为轴向位置 $z_i\ (i=1, 2)$处的平衡校正量；l 为转子的长度。

刚性转子一旦在某一转速下平衡后，不论在任何转速下(只要符合刚性转子的条件)，它总是保持平衡的。

2.1.2　柔性转子平衡法

柔性转子一般工作在一阶甚至二阶、三阶弯曲临界转速之上，因此柔性转子的平衡又称为高速动平衡。柔性转子的平衡不仅要消除转子的刚体不平衡，而且要消除工作转速范围内的振型不平衡[70]。从平衡原理上区分，柔性转子的平衡方法可归纳为两大类：模态平衡法和影响系数法。

1. 模态平衡法

模态平衡法的基本思想：把转子的不平衡量按各阶主振型分解成许多不平衡分量，根据振动理论，每一分量只能激起转子相应阶的一个主振型。由低到高，逐阶平衡好各阶模态不平衡分量，则转子在整个转速范围内就得到平衡了。

N 平面模态平衡法应满足如下条件[69]：

$$\sum_{i=1}^{N} W_i \phi_n(z_i) = -\int_0^l u(z)\phi_n(z)\mathrm{d}z, \quad n = 1, 2, \cdots, N \tag{2-2}$$

N+2 平面模态平衡法应满足如下条件[69]：

$$\begin{cases} \sum_{i=1}^{N+2} W_i = -\int_0^l u(z)\mathrm{d}z \\ \sum_{i=1}^{N+2} W_i z_i = -\int_0^l u(z) z \mathrm{d}z \\ \sum_{i=1}^{N+2} W_i \phi_n(z_i) = -\int_0^l u(z)\phi_n(z)\mathrm{d}z \end{cases}, \quad n = 1, 2, \cdots, N \tag{2-3}$$

式中，$u(z)$为转子沿轴向 z 的初始不平衡分布函数；W_i 为轴向位置 z_i 处的平衡校正量；$\phi_n(z)$ 为转子的第 n 阶振型函数；l 为转子的长度；n 为所平衡的振型编号。

2. 影响系数法

对于具有 N 个平衡面、L 个振动测量位置和 K 个平衡转速的转子系统，其影响系数定义为

$$\boldsymbol{\alpha}_{ij}=\frac{\boldsymbol{A}_{ij}-\boldsymbol{A}_{i0}}{\boldsymbol{T}_j}=\frac{\Delta\boldsymbol{A}_{ij}}{\boldsymbol{T}_j},\quad i=1,2,\cdots,P;\ j=1,2,\cdots,N \tag{2-4}$$

式中，$P=L\times K$，为总的振动测点数；$\boldsymbol{A}_{i0}$为第 i 测点的原始振动；$\boldsymbol{A}_{ij}$为在平衡面 j 上加试重 $\boldsymbol{T}_j$后在第 i 测点的振动；$\boldsymbol{\alpha}_{ij}$ 为第 j 平衡面对第 i 测点的影响系数。

影响系数法就是在线性系统的假设下，由影响系数矩阵 $\boldsymbol{\alpha}$ 和选定转速下不同测点处的初始不平衡响应列向量 $\boldsymbol{A}_0$，计算校正重量 $\boldsymbol{W}$，使得转子的残余振动为零或达到最小。加上校正重量 $\boldsymbol{W}$ 后，转子的残余振动可表示为

$$\boldsymbol{\delta}=\boldsymbol{A}_0+\boldsymbol{\alpha W} \tag{2-5}$$

平衡过程中，当平衡面的数目与测振点总数相等，即 $P=N$ 时，式(2-5)表示的转子残余振动最小值为零，此时可求得校正重量为

$$\boldsymbol{W}=-\boldsymbol{\alpha}^{-1}\boldsymbol{A}_0 \tag{2-6}$$

通常会出现平衡面的数目小于测振点总数，即 $N<P$ 时，可以通过最小二乘法求得校正重量为[69]

$$\boldsymbol{W}=-\left[\boldsymbol{\alpha}^H\boldsymbol{\alpha}\right]^{-1}\boldsymbol{\alpha}^H\boldsymbol{A}_0 \tag{2-7}$$

用最小二乘法求得各测点的残余振动 $\boldsymbol{\delta}_i\ (i=1,2,\cdots,P)$后，如果最大残余振动大大超过了残余振动的均方根值 $\boldsymbol{R}$，可以通过加权迭代的方法来平抑残余振动。加权因子矩阵一般取：

$$\boldsymbol{E}_k=\operatorname{diag}\left(\frac{|\boldsymbol{\delta}_{1k}|}{\boldsymbol{R}_k},\frac{|\boldsymbol{\delta}_{2k}|}{\boldsymbol{R}_k},\cdots,\frac{|\boldsymbol{\delta}_{Mk}|}{\boldsymbol{R}_k}\right) \tag{2-8}$$

式中，下标 k 表示第 k 次迭代。经过第 k 次迭代后，求得新的平衡校正重量为

$$\boldsymbol{W}_k=-\left[\boldsymbol{\alpha}^H\boldsymbol{E}_k\boldsymbol{\alpha}\right]^{-1}\boldsymbol{\alpha}^H\boldsymbol{E}_k\boldsymbol{A}_0 \tag{2-9}$$

再求得平抑后的残余振动，可进行反复加权迭代，直到$|\boldsymbol{\delta}_{ik}|_{\max}$达到要求为止，这就是加权最小二乘法。该方法可均化残余振动，使各点的残余振动值相接近，避免了过大残余振动的出现，但有可能使残余振动较小的测点的振动有所增大。

2.2　杰夫科特转子瞬态运动分析

由于能明确、形象地说明转子在不平衡质量惯性离心力作用下引起的涡动现象，单盘居中简支结构模拟转子——杰夫科特(Jeffcott)转子已成为转子动力学分

析中最常用的一类力学模型，其稳态不平衡响应可以通过解析形式来表示，求解和分析方法已十分成熟。对于其瞬态不平衡响应，一般通过两种方式来进行求解：有限元法和传递矩阵法。这两种方法都必须和数值求解过程相结合，才能给出转子瞬态不平衡响应的最终结果。虽然有研究者试图通过解析的形式来表示转子的瞬态不平衡响应，但其过程极其繁琐，而且由于过多的近似假设，其求解结果并不比数值方法有效。

2.2.1　杰夫科特转子运动方程

典型的杰夫科特转子是由一根不计质量的弹性轴和轴正中央固定的一个不可变形圆盘组成，轴的两端被刚性铰接，如图 2-1 所示。其中轴的长度为 l，盘的质量和偏心分别为 m 和 e，静止时轴心连线与盘的交点为 O。当转子以一定的规律运行时，偏心引起的惯性力将使轴弯曲，产生动挠度，此时轴与盘的交点为 O'，盘的质心为 C，如图 2-2 所示。根据理论力学和材料力学的相关理论，在固定坐标系 Oxy 下，可建立盘心 O'的运动微分方程：

$$\boldsymbol{M}\ddot{\boldsymbol{U}}+\boldsymbol{C}\dot{\boldsymbol{U}}+\boldsymbol{K}\boldsymbol{U}=\boldsymbol{F} \tag{2-10}$$

式中，质量矩阵 $\boldsymbol{M}$、阻尼矩阵 $\boldsymbol{C}$ 和刚度矩阵 $\boldsymbol{K}$ 可分别表示如下：

$$\boldsymbol{M}=\begin{bmatrix} m & 0 \\ 0 & m \end{bmatrix} \quad \boldsymbol{C}=\begin{bmatrix} c & 0 \\ 0 & c \end{bmatrix} \quad \boldsymbol{K}=\begin{bmatrix} k & 0 \\ 0 & k \end{bmatrix} \tag{2-11}$$

不平衡激振力 $\boldsymbol{F}$ 和广义位移 $\boldsymbol{U}$ 分别为

$$\boldsymbol{F}=me\begin{bmatrix} \dot{\phi}^2(t)\cos(\phi+\phi_0)+\ddot{\phi}(t)\sin(\phi+\phi_0) \\ \dot{\phi}^2(t)\sin(\phi+\phi_0)-\ddot{\phi}(t)\cos(\phi+\phi_0) \end{bmatrix} \quad \boldsymbol{U}=\begin{bmatrix} x \\ y \end{bmatrix} \tag{2-12}$$

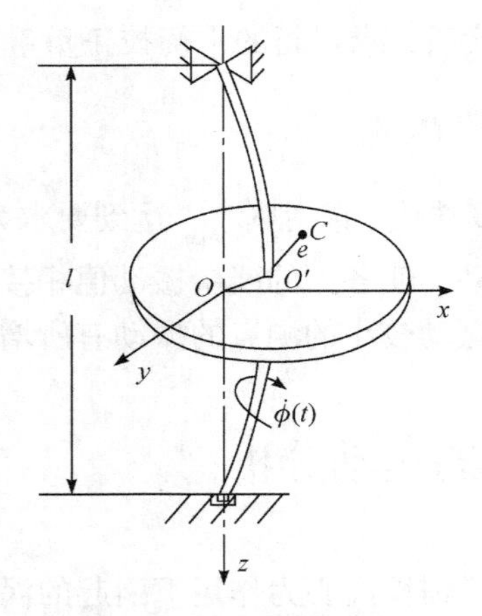

图 2-1　杰夫科特转子示意图

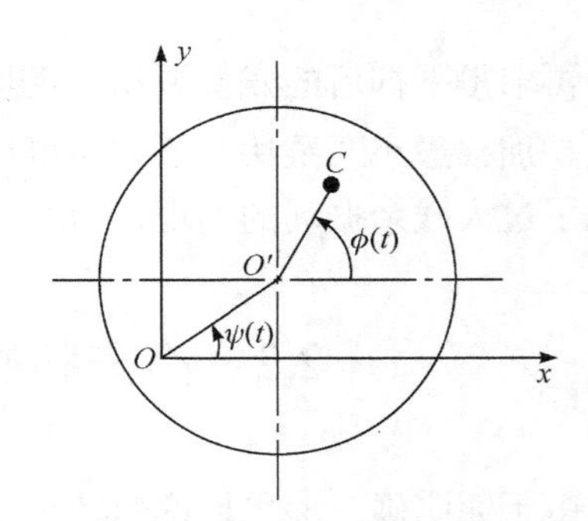

图 2-2　杰夫科特转子瞬时位置示意图

式(2-11)和式(2-12)中，c 为圆盘处的黏性阻尼系数；k 为轴的跨中刚度，可由材料力学知识求得；$\phi(t)$ 为 t 时刻转子的自转角；ϕ_0 为其对应的初值；$\dot{\phi}(t)$ 和 $\ddot{\phi}(t)$ 分别为 t 时刻转子的瞬时自转角速度和角加速度。

对于一般的线性转子系统瞬态运动微分方程(2-10)，很难得到其解析解，只能通过数值方法对其进行仿真研究。已有的研究结果表明，当积分参数选择适当时，纽马克(Newmark)积分方法是无条件稳定的，且计算过程相对比较简单，具有较高的精度。因此，本书将通过纽马克积分方法来求解转子的瞬态响应。

2.2.2　杰夫科特转子的瞬态响应分析

为了方便说明问题，假定该杰夫科特转子以恒定的自转角加速度 $\ddot{\phi}(t)=a$ 起动。在对其瞬态响应进行分析之前，需对一些相关的物理量进行说明。

(1) 转子某时刻的瞬态动挠度 $r(t)$ 可表示为

$$r(t)=\sqrt{x^2(t)+y^2(t)} \tag{2-13}$$

(2) 转子的瞬时自转角速度 $\dot{\phi}(t)$ 和自转角 $\phi(t)$：

$$\dot{\phi}(t)=\omega_0+at \tag{2-14}$$

$$\phi(t)=\phi_0+\omega_0 t+\frac{1}{2}at^2 \tag{2-15}$$

式中，ω_0 和 ϕ_0 分别为瞬时自转角速度的初值和自转角的初值，本书如无特别说明，一般认为 $\omega_0=0$，$\phi_0=0$。

(3) 转子的进动角 $\psi(t)$ 满足关系：

$$\tan\psi(t)=\frac{y(t)}{x(t)} \tag{2-16}$$

由式(2-16)得到：

$$\psi(t)=n\pi+\tan^{-1}\frac{y(t)}{x(t)},\quad \psi(t)\geqslant 0 \tag{2-17}$$

式中，n 为任意整数值，且 n 的取值应保证进动角 $\psi(t)$ 在宏观上呈持续增加的趋势。

(4) 转子的进动角速度 $\dot{\psi}(t)$：

$$\dot{\psi}(t)=\left[\tan^{-1}\frac{y(t)}{x(t)}\right]'=\frac{\dot{y}(t)x(t)-\dot{x}(t)y(t)}{x^2(t)+y^2(t)} \tag{2-18}$$

(5) 转子的相位角 $\theta(t)$ 等于自转角 $\phi(t)$ 与进动角 $\psi(t)$ 之差：

$$\theta(t)=\phi(t)-\psi(t) \tag{2-19}$$

下面通过数值方法对图 2-1 的杰夫科特转子模型进行仿真，杰夫科特转子的结构参数见表 2-1。在不同阻尼系数和起动角加速度下，对转子系统的瞬态不平衡响应进行分析。

表 2-1　杰夫科特转子的结构参数

参数	取值
公共参数	材料密度：$\rho = 7.8 \times 10^3 \text{kg/m}^3$；弹性模量：$E = 2.1 \times 10^{11}\text{Pa}$
轴参数	长度：$l = 560\text{mm}$；直径：$d = 10\text{mm}$
盘参数	直径：$D = 75\text{mm}$；质量：$m = 500\text{g}$； 不平衡偏心：$e = 6 \times 10^{-5}\text{m}\angle 135°$
支承参数	$k_{1x} = k_{1y} = 5.5 \times 10^5\text{N/m}$；$k_{2x} = k_{2y} = 5.5 \times 10^5\text{N/m}$

1. 阻尼一定时不同起动角加速度下转子的瞬态响应

取盘所在位置的阻尼系数 $c = 7.5\text{N} \cdot \text{s/m}$，考察不同起动角加速度下转子的瞬态响应。

(1) 起动角加速度 $\ddot{\phi}(t) = 90\text{rad/s}^2$ 时，杰夫科特转子的瞬态响应如图 2-3 所示。

(2) 起动角加速度 $\ddot{\phi}(t) = 60\text{rad/s}^2$ 时，杰夫科特转子的瞬态响应如图 2-4 所示。

(3) 起动角加速度 $\ddot{\phi}(t) = 30\text{rad/s}^2$ 时，杰夫科特转子的瞬态响应如图 2-5 所示。

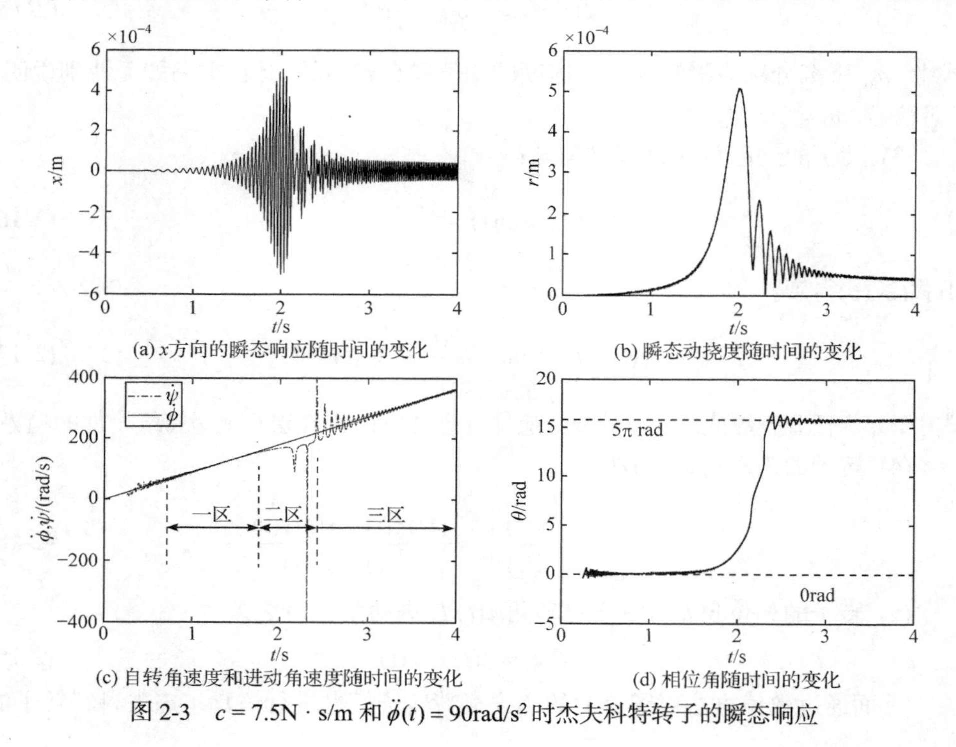

图 2-3　$c = 7.5\text{N} \cdot \text{s/m}$ 和 $\ddot{\phi}(t) = 90\text{rad/s}^2$ 时杰夫科特转子的瞬态响应

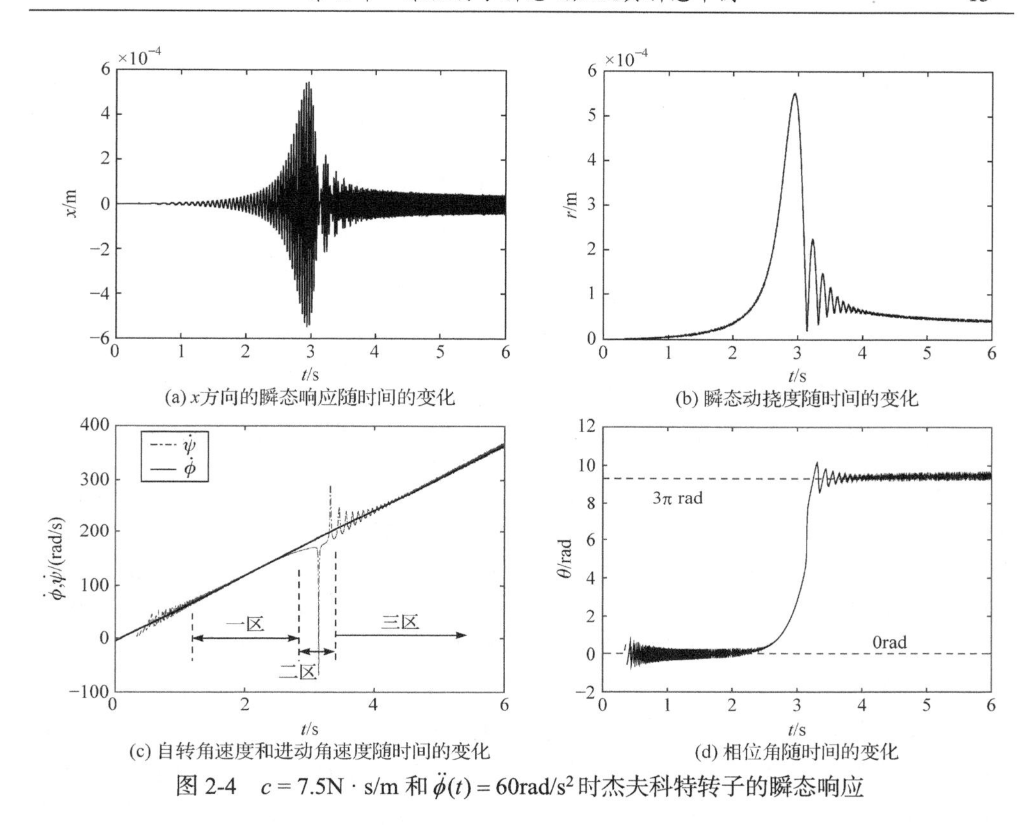

(a) x方向的瞬态响应随时间的变化

(b) 瞬态动挠度随时间的变化

(c) 自转角速度和进动角速度随时间的变化

(d) 相位角随时间的变化

图 2-4　$c = 7.5\text{N} \cdot \text{s/m}$ 和 $\ddot{\phi}(t) = 60\text{rad/s}^2$ 时杰夫科特转子的瞬态响应

图 2-3～图 2-5 反映出杰夫科特转子的不同起动角加速度时的瞬态响应规律。现以图 2-3 为例进行分析。考虑到转子结构的各向同性，在图 2-3 中，x 方向的瞬态响应与瞬态动挠度 r 的变化趋势是相同的，一个明显特点是，转子起动角加速度越大，其共振振幅越小。在等加速起动的初始阶段瞬态动挠度 r 逐渐增大，在临界转速附近出现最大值。之后，随着转速继续增大，瞬态动挠度会逐渐减小，而且减小过程中会出现“拍振”的现象。

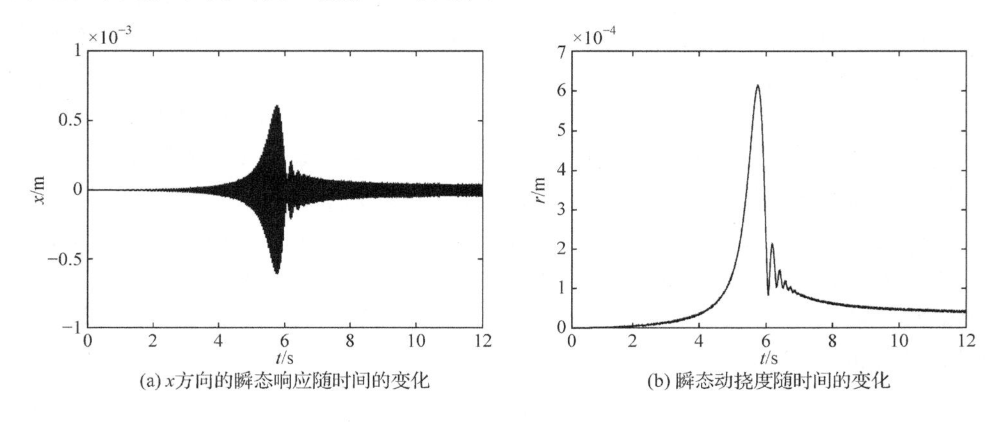

(a) x方向的瞬态响应随时间的变化

(b) 瞬态动挠度随时间的变化

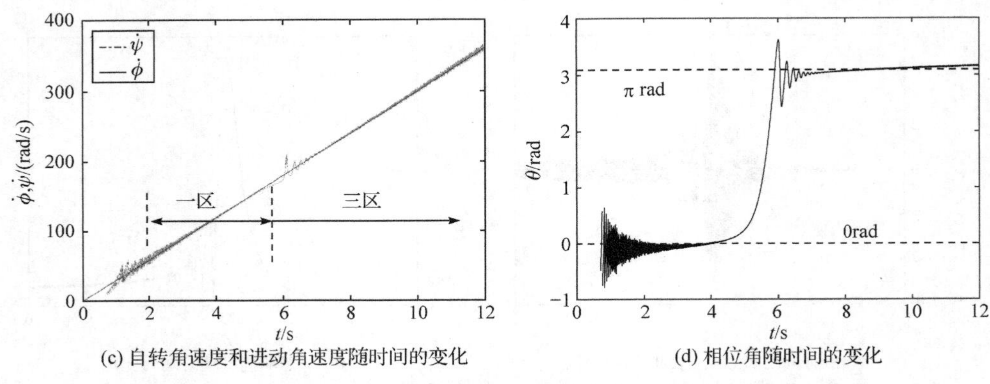

(c) 自转角速度和进动角速度随时间的变化　　(d) 相位角随时间的变化

图 2-5　$c = 7.5\text{N}\cdot\text{s/m}$ 和 $\ddot{\phi}(t) = 30\text{rad/s}^2$ 时杰夫科特转子的瞬态响应

由于开始一段时间转子处于“起动”阶段，运动不稳定，观察图 2-3(c)，发现前 0.6s 左右转子的进动角速度跳动比较大，变化毫无规律。在 0.6～1.8s 这段时间，图形上表现为两曲线基本重合，实际中表示在这段时间内，转子的进动角速度和自转角速度基本相等。随着时间的延长，在 1.8～2.4s 这段时间，进动角速度始终小于自转角速度，且进动角速度出现剧烈的波动，波动的周期越来越小，波动的幅值则越来越大。在 2.4s 以后，进动角速度围绕自转角速度上下波动，波动的周期和幅值都随时间的延长而减小，直到完全越过共振区后，进动角速度和自转角速度逐渐趋于一致。除去转子起动初始阶段的不稳定，可把进动角速度随时间的变化分成三个区，如图 2-3(c)和图 2-4(c)所示。可以看出，共振区内进动角速度波动的剧烈程度与转子起动的角加速度大小密切相关，角加速度越大，共振区内进动角速度的波动越剧烈。当角加速度小到一定程度时，进动角速度的二区基本消失，如图 2-5(c)所示。

对应进动角速度的三个分区(图 2-3(c))，同样可以将相位角的变化分为三个区，如图 2-6 所示。一区内，由于进动角速度与自转角速度基本相等，因此相位角在 0 值附近缓慢增加。二区内，进动角速度始终小于自转角速度，因此对应的相位角持续增大，进动角速度图形上有脉冲性的减小部分(图 2-3(c))，每一脉冲表明进动角速度与自转角速度的差在对应时间内会突然增大，因此相位角会急剧增大。结合图 2-6，对应二区内进动角速度的每一个脉冲，相位角会增大 $2\pi\text{rad}$。三区内，进动角速度围绕自转角速度波动，波动的周期和幅度在不断减小，在远离共振区的高速区，进动角速度与自转角速度又逐渐趋于相同。

对比图 2-5(d)与图 2-6 可以看出，在临界区前后，转子的相位角增加了$(2n+1)\pi\text{rad}$(n 为整数)，这正是杰夫科特转子自动定心现象在瞬态响应过程中的反映。进一步观察此现象可以发现，若进动角速度二区内脉冲的数目为 n，则临界区后转子的相位角增加值正好是$(2n+1)\pi\text{rad}$。

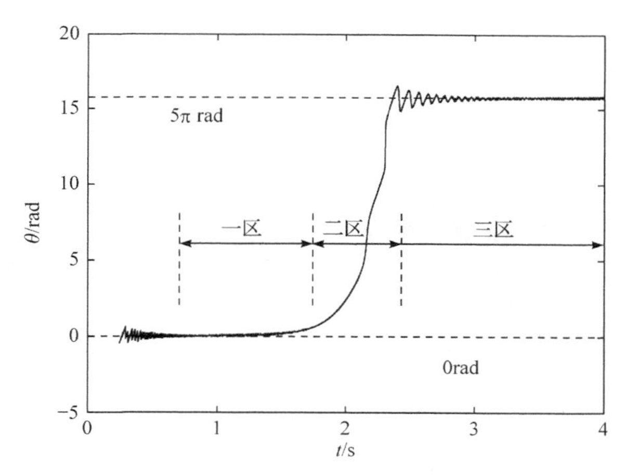

图 2-6　$c = 7.5\text{N} \cdot \text{s/m}$ 和 $\ddot{\phi}(t) = 90\text{rad/s}^2$ 时杰夫科特转子相位角随时间的变化

如前所述，当转子的起动角加速度较大时，共振区内转子的进动角速度波动十分剧烈，甚至出现短时间内进动角速度小于零的情况，如图 2-3(c)中进动角速度的向下脉冲，将其局部放大，如图 2-7 所示。可以看到在 2.298～2.302s 这段时间内，转子的进动角速度小于零(为负)，理论上表明在 2.298～2.302s 这段时间内，转子出现反进动，但是否真的发生了这一现象，只有通过试验才能完全说明。

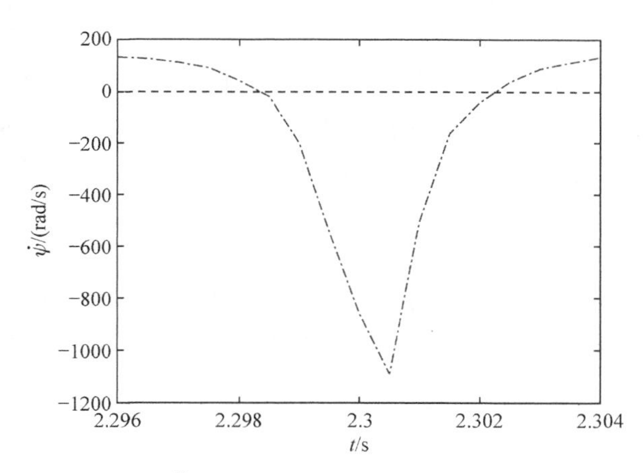

图 2-7　$c = 7.5\text{N} \cdot \text{s/m}$ 和 $\ddot{\phi}(t) = 90\text{rad/s}^2$ 时杰夫科特转子进动角速度的局部变化

2. 起动角加速度一定时不同阻尼系数下转子的响应

取转子的起动角加速度 $\ddot{\phi}(t) = 60\text{rad/s}^2$，分别在不同阻尼系数下，分析转子的瞬态响应。

(1) 阻尼系数 $c = 3\text{N} \cdot \text{s/m}$ 时，杰夫科特转子的瞬态响应如图 2-8 所示。

(2) 阻尼系数 $c = 7.5\text{N} \cdot \text{s/m}$ 时，杰夫科特转子的瞬态响应如图 2-4 所示。

(3) 阻尼系数 $c = 15\text{N}\cdot\text{s/m}$ 时，杰夫科特转子的瞬态响应如图 2-9 所示。

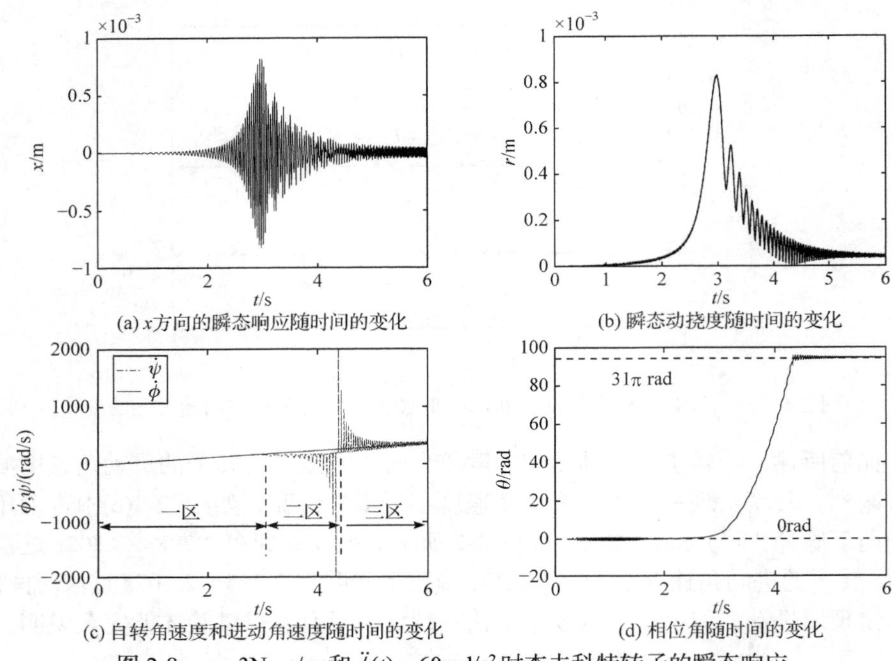

图 2-8　$c = 3\text{N}\cdot\text{s/m}$ 和 $\ddot{\phi}(t) = 60\text{rad/s}^2$ 时杰夫科特转子的瞬态响应

由图 2-4、图 2-8 和图 2-9 可以看出，不论阻尼系数怎样变化，转子瞬态响应变化的总趋势是相同的。当阻尼系数增大时，瞬态动挠度的最大值和经过临界后的各个极大值都会不同程度地减小，进动角速度的波动也趋于平缓。当阻尼系数 $c = 3\text{N}\cdot\text{s/m}$ 时(图 2-8)，在共振区内，进动角速度剧烈波动。进动角速度在其二区内一共有 $n = 15$ 个脉冲，对应的临界后相位角增加了$(2n+1)\pi$rad(31πrad)，如图 2-8(d)所示，这一结果与前面的结论一致。随着阻尼系数的增大，进动角速度二区的范围不断减小，当阻尼系数 $c = 15\text{N}\cdot\text{s/m}$ 时，二区基本消失，如图 2-9(c)所示。

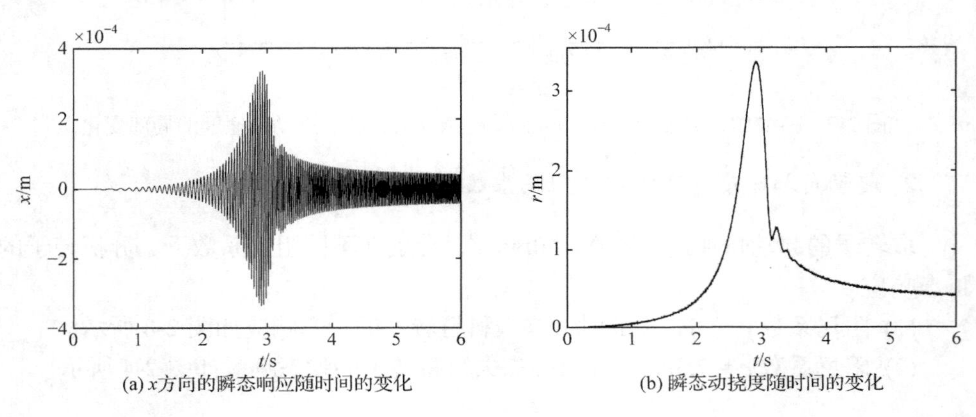

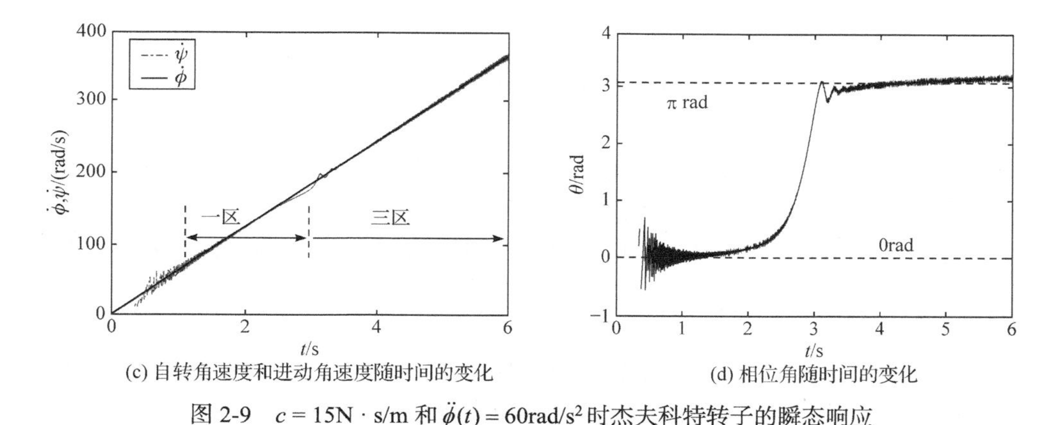

(c) 自转角速度和进动角速度随时间的变化　　(d) 相位角随时间的变化

图 2-9　$c = 15\text{N} \cdot \text{s/m}$ 和 $\ddot{\phi}(t) = 60\text{rad/s}^2$ 时杰夫科特转子的瞬态响应

2.2.3　杰夫科特转子的瞬态运动规律

2.2.2 小节对杰夫科特转子的瞬态响应进行了详细的分析。对于任意的单盘转子，其瞬态运动方程都具有方程(2-10)的形式(而单盘转子均可简化为单自由度系统)，因此其瞬态响应具有相同的规律，总结如下：

(1) 转子加速起动过程中，在瞬态响应峰值到来之前，瞬态响应幅度随转速的增加而逐渐增大。在越过共振峰值后，瞬态响应会出现波动。随着转速继续增大，波动幅度逐渐减小。

(2) 在越过共振峰值后，转子瞬态响应波动的幅度与角加速度和阻尼有关。角加速度越大，瞬态响应波动越剧烈；阻尼越小，瞬态响应波动越剧烈。

(3) 在小于临界转速的低速区，进动角速度围绕自转角速度有小幅度的波动，但两者大体上相等；在临界转速区内，进动角速度出现剧烈的波动；在大于临界转速的高速区，两者又逐渐趋于相等。根据进动角速度和自转角速度的关系，可将进动角速度分成三个区，共振区内进动角速度的波动情况与转子的角加速度和阻尼有关，阻尼越小或者升速率越大，共振区内进动角速度波动越剧烈。在小阻尼情况下，当转子的角加速度足够大时，在进动角速度二区对应的时间内可能出现反进动现象。

(4) 进动角速度二区内若存在 n 个波动的脉冲，则经过共振峰值后转子的相位角将围绕$(2n+1)\pi$rad 波动，在大于临界转速的高速区，相位角将最终趋近于$(2n+1)\pi$rad。

(5) 与进动角速度的三个分区相对应，同样可以把相位角分成三个区。一区对应低速区，此时转子的相位角在 0 值附近缓慢增加；二区对应共振区，此时相位角持续单调增大；三区对应转子越过临界区，此时相位角出现有规律的波动，并最终趋于定值$(2n+1)\pi$rad。

2.3　复杂转子瞬态运动分析

由于单盘转子只是众多转子类型中具有代表性的一类,实际中更多的是多盘、具有连续不平衡分布的柔性转子系统，为了通过瞬态不平衡响应信息完成这类转子系统的平衡(或不平衡量的识别)，必须首先对其瞬态不平衡响应特性进行分析。

2.3.1　复杂转子运动方程

由于具有连续不平衡分布的转子可简化为盘-轴系统,因此本小节将以多盘转子为例来研究复杂转子系统的加速瞬态响应变化规律。

建立如图 2-10 所示的多盘转子系统模型，假定盘、轴都具有分布质量，并认为转子的不平衡只存在于各盘上。按照特征盘的选取原则：转子特征盘的选取要考虑转子主模态的能观性和最容易导致碰摩的部位。因此在理论分析时，选取转子上的所有盘为特征盘，而且可以用所有特征盘的运动方程来描述系统的运动。

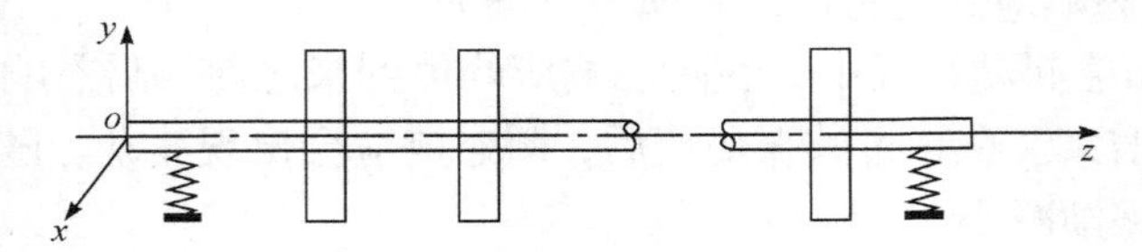

图 2-10　多盘转子系统模型

设转子系统共具有 N 个特征盘，它们皆有不平衡度，则每个特征盘上的不平衡力可表示为

$$\begin{cases} F_{x,i} = m_i e_i \dot{\phi}^2 \cos(\phi+\phi_0) + m_i e_i \ddot{\phi} \sin(\phi+\phi_0) \\ F_{y,i} = m_i e_i \dot{\phi}^2 \sin(\phi+\phi_0) - m_i e_i \ddot{\phi} \cos(\phi+\phi_0) \end{cases}, \quad i=1,2,\cdots,N \tag{2-20}$$

同时，每个特征盘由于陀螺效应产生的附加力矩可表示为

$$\begin{cases} M_{x,i} = J_{d_i} \ddot{\beta}_i + J_{p_i} \dot{\phi} \dot{\alpha}_i \\ M_{y,i} = J_{d_i} \ddot{\alpha}_i - J_{p_i} \dot{\phi} \dot{\beta}_i \end{cases}, \quad i=1,2,\cdots,N \tag{2-21}$$

式中，$m_i e_i$ 为各特征盘的残余不平衡；ϕ 为转子的自转角(不考虑转子的扭转)；ϕ_0 为自转角的初值；J_{d_i} 和 J_{p_i} 分别为特征盘的转动惯量和极转动惯量；β_i 为第 i 个特征盘在 xoz 平面内的转角(y 方向为正)；α_i 为第 i 个特征盘在 yoz 平面内的转角(x 方向为正)；“·”和“··”分别表示对时间的一阶导数和二阶导数。

转子上各特征盘处均设有一轴段截面，这样 N 个特征盘将转子分为 N+1 段，每段可由若干个传递矩阵单元组成，并设各段总的传递矩阵为 $\boldsymbol{T}_1, \boldsymbol{T}_2, \cdots, \boldsymbol{T}_{N+1}$。

若各段截面的状态向量为 $\boldsymbol{Z}_k(k=0,1,\cdots,N+1)$，则有

$$\boldsymbol{Z}_k=\left\{x \quad \beta \quad M_x \quad Q_x \quad y \quad \alpha \quad M_y \quad Q_y\right\}_k^{\mathrm{T}} \tag{2-22}$$

经过每一特征盘时，转子状态向量的改变量 $\Delta\boldsymbol{Z}_i(i=1,2,\cdots,N)$ 可表示如下：

$$\Delta\boldsymbol{Z}_i=\left\{0 \quad 0 \quad \Delta M_{x,i} \quad \Delta Q_{x,i} \quad 0 \quad 0 \quad \Delta M_{y,i} \quad \Delta Q_{y,i}\right\}_i^{\mathrm{T}} \tag{2-23}$$

式中，

$$\Delta M_{x,i}=M_{x,i}\,,\quad \Delta Q_{x,i}=-m_i\ddot{x}_i-c_{e_i}\dot{x}_i+F_{x,i} \tag{2-24}$$

$$\Delta M_{y,i}=M_{y,i}\,,\quad \Delta Q_{y,i}=-m_i\ddot{y}_i-c_{e_i}\dot{y}_i+F_{y,i} \tag{2-25}$$

$F_{x,i}$、$F_{y,i}$、$M_{x,i}$、$M_{y,i}$ 分别如式(2-20)和式(2-21)所示；x_i、y_i 为第 i 个特征盘的横向振动位移。

从转子的左端面(截面 0)开始，有如下关系成立：

$$\boldsymbol{Z}_{1\mathrm{l}}=\boldsymbol{T}_1\boldsymbol{Z}_0 \tag{2-26}$$

$$\boldsymbol{Z}_{1\mathrm{r}}=\boldsymbol{T}_1\boldsymbol{Z}_0+\Delta\boldsymbol{Z}_1 \tag{2-27}$$

$$\begin{aligned}\boldsymbol{Z}_{N\mathrm{r}}&=\boldsymbol{T}_N\boldsymbol{Z}_{(N-1)\mathrm{r}}+\Delta\boldsymbol{Z}_N\\&=\boldsymbol{T}_N\boldsymbol{T}_{N-1}\cdots\boldsymbol{T}_1\boldsymbol{Z}_0+\sum_{j=1}^{N-1}(\boldsymbol{T}_N\boldsymbol{T}_{N-1}\cdots\boldsymbol{T}_{j+1}\Delta\boldsymbol{Z}_j)+\Delta\boldsymbol{Z}_N\end{aligned} \tag{2-28}$$

$$\begin{aligned}\boldsymbol{Z}_{(N+1)\mathrm{r}}&=\boldsymbol{T}_{N+1}\boldsymbol{Z}_{N\mathrm{r}}\\&=\boldsymbol{T}_{N+1}\boldsymbol{T}_N\cdots\boldsymbol{T}_1\boldsymbol{Z}_0+\sum_{j=1}^{N}(\boldsymbol{T}_{N+1}\boldsymbol{T}_N\cdots\boldsymbol{T}_{j+1}\Delta\boldsymbol{Z}_j)\end{aligned} \tag{2-29}$$

式中，状态向量 $\boldsymbol{Z}$ 的第一个下标表示截面编号，第二个下标若为 l，则代表该截面左端的状态向量，第二个下标若为 r，则代表该截面右端的状态向量。

式(2-29)可简化为

$$\boldsymbol{Z}_{(N+1)\mathrm{r}}=\boldsymbol{B}\boldsymbol{Z}_0+\sum_{j=1}^{N}(\boldsymbol{D}_j\Delta\boldsymbol{Z}_j) \tag{2-30}$$

式中，$\boldsymbol{B}=\boldsymbol{T}_{N+1}\boldsymbol{T}_N\cdots\boldsymbol{T}_1$，表示从转子左端面(截面 0)到右端面(截面 N+1)的总传递矩阵；$\boldsymbol{D}_j=\boldsymbol{T}_{N+1}\boldsymbol{T}_N\cdots\boldsymbol{T}_{j+1}$，表示第 $j(j=1,2,\cdots,N)$ 个特征盘右端面到转子右端面的传递矩阵，且 $\boldsymbol{B}$ 和 $\boldsymbol{D}_j$ 中都不包括特征盘的传递矩阵，特征盘的影响反映在 $\Delta\boldsymbol{Z}_j(j=1,2,\cdots,N)$ 中。

由转子左右端面的边界条件：弯矩和剪力为零，结合式(2-30)可得

$$\boldsymbol{B}_{21}\begin{Bmatrix}x\\\beta\end{Bmatrix}_0+\boldsymbol{B}_{23}\begin{Bmatrix}y\\\alpha\end{Bmatrix}_0+\sum_{j=1}^{N}(\boldsymbol{D}_{j,22}\Delta\boldsymbol{Z}_{x,j})+\sum_{j=1}^{N}(\boldsymbol{D}_{j,24}\Delta\boldsymbol{Z}_{y,j})=\begin{Bmatrix}0\\0\end{Bmatrix} \tag{2-31}$$

$$\boldsymbol{B}_{41}\begin{Bmatrix} x \\ \beta \end{Bmatrix}_0 + \boldsymbol{B}_{43}\begin{Bmatrix} y \\ \alpha \end{Bmatrix}_0 + \sum_{j=1}^{N}(\boldsymbol{D}_{j,42}\Delta\boldsymbol{Z}_{x,j}) + \sum_{j=1}^{N}(\boldsymbol{D}_{j,44}\Delta\boldsymbol{Z}_{y,j}) = \begin{Bmatrix} 0 \\ 0 \end{Bmatrix} \tag{2-32}$$

式(2-31)和式(2-32)中：

$$\boldsymbol{B}_{8\times8} = \begin{bmatrix} \boldsymbol{B}_{11} & \cdots & \boldsymbol{B}_{14} \\ \vdots & & \vdots \\ \boldsymbol{B}_{41} & \cdots & \boldsymbol{B}_{44} \end{bmatrix}$$

$$\boldsymbol{D}_{j,8\times8} = \begin{bmatrix} \boldsymbol{D}_{j,11} & \cdots & \boldsymbol{D}_{j,14} \\ \vdots & & \vdots \\ \boldsymbol{D}_{j,41} & \cdots & \boldsymbol{D}_{j,44} \end{bmatrix}$$

$$\Delta\boldsymbol{Z}_{x,j} = \begin{Bmatrix} \Delta M_{x,j} \\ \Delta Q_{x,j} \end{Bmatrix} \quad \Delta\boldsymbol{Z}_{y,j} = \begin{Bmatrix} \Delta M_{y,j} \\ \Delta Q_{y,j} \end{Bmatrix}$$

将式(2-31)和式(2-32)合写为

$$\begin{bmatrix} \boldsymbol{B}_{21} & \boldsymbol{B}_{23} \\ \boldsymbol{B}_{41} & \boldsymbol{B}_{43} \end{bmatrix}\begin{Bmatrix} x \\ \beta \\ y \\ \alpha \end{Bmatrix}_0 + \sum_{j=1}^{N}\left(\begin{bmatrix} \boldsymbol{D}_{j,22} & \boldsymbol{D}_{j,24} \\ \boldsymbol{D}_{j,42} & \boldsymbol{D}_{j,44} \end{bmatrix}\begin{Bmatrix} \Delta\boldsymbol{Z}_{x,j} \\ \hline \Delta\boldsymbol{Z}_{y,j} \end{Bmatrix}\right) = \begin{Bmatrix} 0 \\ 0 \\ 0 \\ 0 \end{Bmatrix} \tag{2-33}$$

若记：

$$\boldsymbol{T}_{z,j4\times4} = \begin{bmatrix} \boldsymbol{D}_{j,22} & \boldsymbol{D}_{j,24} \\ \boldsymbol{D}_{j,42} & \boldsymbol{D}_{j,44} \end{bmatrix}_{4\times4}, \quad j = 1, 2, \cdots, N$$

则式(2-33)可表示为

$$\begin{bmatrix} \boldsymbol{B}_{21} & \boldsymbol{B}_{23} \\ \boldsymbol{B}_{41} & \boldsymbol{B}_{43} \end{bmatrix}\begin{Bmatrix} x \\ \beta \\ y \\ \alpha \end{Bmatrix}_0 + [\boldsymbol{T}_{z1}, \boldsymbol{T}_{z2}, \cdots, \boldsymbol{T}_{zN}]_{4\times4N}\begin{bmatrix} \Delta\boldsymbol{Z}_{x,1} \\ \Delta\boldsymbol{Z}_{y,1} \\ \vdots \\ \Delta\boldsymbol{Z}_{x,N} \\ \Delta\boldsymbol{Z}_{y,N} \end{bmatrix}_{4N\times1} = \begin{Bmatrix} 0 \\ 0 \\ 0 \\ 0 \end{Bmatrix} \tag{2-34}$$

令

$$\boldsymbol{T}_{z,4\times4N} = [\boldsymbol{T}_{z1}, \boldsymbol{T}_{z2}, \cdots, \boldsymbol{T}_{zN}]_{4\times4N}$$

则式(2-34)表示为

$$\begin{bmatrix} \boldsymbol{B}_{21} & \boldsymbol{B}_{23} \\ \boldsymbol{B}_{41} & \boldsymbol{B}_{43} \end{bmatrix} \begin{Bmatrix} x \\ \beta \\ y \\ \alpha \end{Bmatrix}_0 + \boldsymbol{T}_{z,4\times 4N} \begin{bmatrix} \Delta\boldsymbol{Z}_{x,1} \\ \Delta\boldsymbol{Z}_{y,1} \\ \vdots \\ \Delta\boldsymbol{Z}_{x,N} \\ \Delta\boldsymbol{Z}_{y,N} \end{bmatrix}_{4N\times 1} = \begin{Bmatrix} 0 \\ 0 \\ 0 \\ 0 \end{Bmatrix} \tag{2-35}$$

由式(2-26)～式(2-29)结合转子左端面的边界条件可得到如下关系：

$$\begin{Bmatrix} x \\ \beta \end{Bmatrix}_1 = (\boldsymbol{T}_1)_{11} \begin{Bmatrix} x \\ \beta \end{Bmatrix}_0 + (\boldsymbol{T}_1)_{13} \begin{Bmatrix} y \\ \alpha \end{Bmatrix}_0 \tag{2-36}$$

$$\begin{Bmatrix} y \\ \alpha \end{Bmatrix}_1 = (\boldsymbol{T}_1)_{31} \begin{Bmatrix} x \\ \beta \end{Bmatrix}_0 + (\boldsymbol{T}_1)_{33} \begin{Bmatrix} y \\ \alpha \end{Bmatrix}_0 \tag{2-37}$$

$$\begin{Bmatrix} x \\ \beta \end{Bmatrix}_2 = (\boldsymbol{T}_2\boldsymbol{T}_1)_{11} \begin{Bmatrix} x \\ \beta \end{Bmatrix}_0 + (\boldsymbol{T}_2\boldsymbol{T}_1)_{13} \begin{Bmatrix} y \\ \alpha \end{Bmatrix}_0 + (\boldsymbol{T}_2)_{12}\Delta\boldsymbol{Z}_{x,1} + (\boldsymbol{T}_2)_{14}\Delta\boldsymbol{Z}_{y,1} \tag{2-38}$$

$$\begin{Bmatrix} y \\ \alpha \end{Bmatrix}_2 = (\boldsymbol{T}_2\boldsymbol{T}_1)_{31} \begin{Bmatrix} x \\ \beta \end{Bmatrix}_0 + (\boldsymbol{T}_2\boldsymbol{T}_1)_{33} \begin{Bmatrix} y \\ \alpha \end{Bmatrix}_0 + (\boldsymbol{T}_2)_{32}\Delta\boldsymbol{Z}_{x,1} + (\boldsymbol{T}_2)_{34}\Delta\boldsymbol{Z}_{y,1} \tag{2-39}$$

$$\begin{aligned} \begin{Bmatrix} x \\ \beta \end{Bmatrix}_N &= (\boldsymbol{T}_N\boldsymbol{T}_{N-1}\cdots\boldsymbol{T}_1)_{11} \begin{Bmatrix} x \\ \beta \end{Bmatrix}_0 + (\boldsymbol{T}_N\boldsymbol{T}_{N-1}\cdots\boldsymbol{T}_1)_{13} \begin{Bmatrix} y \\ \alpha \end{Bmatrix}_0 \\ &\quad + \sum_{j=1}^{N-1}\left[(\boldsymbol{T}_N\boldsymbol{T}_{N-1}\cdots\boldsymbol{T}_{j+1})_{12}\Delta\boldsymbol{Z}_{x,j}\right] + \sum_{j=1}^{N-1}\left[(\boldsymbol{T}_N\boldsymbol{T}_{N-1}\cdots\boldsymbol{T}_{j+1})_{14}\Delta\boldsymbol{Z}_{y,j}\right] \end{aligned} \tag{2-40}$$

$$\begin{aligned} \begin{Bmatrix} y \\ \alpha \end{Bmatrix}_N &= (\boldsymbol{T}_N\boldsymbol{T}_{N-1}\cdots\boldsymbol{T}_1)_{31} \begin{Bmatrix} x \\ \beta \end{Bmatrix}_0 + (\boldsymbol{T}_N\boldsymbol{T}_{N-1}\cdots\boldsymbol{T}_1)_{33} \begin{Bmatrix} y \\ \alpha \end{Bmatrix}_0 \\ &\quad + \sum_{j=1}^{N-1}\left[(\boldsymbol{T}_N\boldsymbol{T}_{N-1}\cdots\boldsymbol{T}_{j+1})_{32}\Delta\boldsymbol{Z}_{x,j}\right] + \sum_{j=1}^{N-1}\left[(\boldsymbol{T}_N\boldsymbol{T}_{N-1}\cdots\boldsymbol{T}_{j+1})_{34}\Delta\boldsymbol{Z}_{y,j}\right] \end{aligned} \tag{2-41}$$

式中，

$$\boldsymbol{T}_N\boldsymbol{T}_{N-1}\cdots\boldsymbol{T}_{j+1} = \begin{bmatrix} (\boldsymbol{T}_N\boldsymbol{T}_{N-1}\cdots\boldsymbol{T}_{j+1})_{11} & \cdots & (\boldsymbol{T}_N\boldsymbol{T}_{N-1}\cdots\boldsymbol{T}_{j+1})_{14} \\ \vdots & & \vdots \\ (\boldsymbol{T}_N\boldsymbol{T}_{N-1}\cdots\boldsymbol{T}_{j+1})_{41} & \cdots & (\boldsymbol{T}_N\boldsymbol{T}_{N-1}\cdots\boldsymbol{T}_{j+1})_{44} \end{bmatrix},$$

$$N = 1, 2, 3, \cdots;\ j = 0, 1, 2, \cdots, N-1$$

式(2-36)～式(2-41)可整理为

$$\{x_1\ \ \beta_1\ \ y_1\ \ \alpha_1\ \ \cdots\ \ x_N\ \ \beta_N\ \ y_N\ \ \alpha_N\}^{\mathrm{T}} = \boldsymbol{T}_{a,4N\times4}\begin{Bmatrix} x \\ \beta \\ y \\ \alpha \end{Bmatrix}_0 + \boldsymbol{T}_{b,4N\times4N}\begin{bmatrix} \Delta\boldsymbol{Z}_{x,1} \\ \Delta\boldsymbol{Z}_{y,1} \\ \vdots \\ \Delta\boldsymbol{Z}_{x,N} \\ \Delta\boldsymbol{Z}_{y,N} \end{bmatrix}_{4N\times1} \tag{2-42}$$

式中，

$$\boldsymbol{T}_{a,4N\times4} = \begin{bmatrix} (\boldsymbol{T}_1)_{11} & (\boldsymbol{T}_1)_{13} \\ (\boldsymbol{T}_1)_{31} & (\boldsymbol{T}_1)_{33} \\ (\boldsymbol{T}_2\boldsymbol{T}_1)_{11} & (\boldsymbol{T}_2\boldsymbol{T}_1)_{13} \\ (\boldsymbol{T}_2\boldsymbol{T}_1)_{31} & (\boldsymbol{T}_2\boldsymbol{T}_1)_{33} \\ \vdots & \vdots \\ \left(\prod_{i=N}^{1}\boldsymbol{T}_i\right)_{11} & \left(\prod_{i=N}^{1}\boldsymbol{T}_i\right)_{13} \\ \left(\prod_{i=N}^{1}\boldsymbol{T}_i\right)_{31} & \left(\prod_{i=N}^{1}\boldsymbol{T}_i\right)_{33} \end{bmatrix}_{4N\times4}$$

$$\boldsymbol{T}_{b,4N\times4N} = \left[\begin{array}{ccccccc|c} \multicolumn{7}{c|}{\boldsymbol{0}_{4\times4}} & \boldsymbol{0}_{4\times(4N-4)} \\ \hline (\boldsymbol{T}_2)_{12} & (\boldsymbol{T}_2)_{14} & 0 & 0 & 0 & \cdots & 0 & \\ (\boldsymbol{T}_2)_{32} & (\boldsymbol{T}_2)_{34} & 0 & 0 & 0 & \cdots & 0 & \\ \left(\prod_{i=3}^{2}\boldsymbol{T}_i\right)_{12} & \left(\prod_{i=3}^{2}\boldsymbol{T}_i\right)_{14} & (\boldsymbol{T}_3)_{12} & (\boldsymbol{T}_3)_{14} & 0 & \cdots & 0 & \\ \left(\prod_{i=3}^{2}\boldsymbol{T}_i\right)_{32} & \left(\prod_{i=3}^{2}\boldsymbol{T}_i\right)_{34} & (\boldsymbol{T}_3)_{32} & (\boldsymbol{T}_3)_{34} & 0 & \cdots & 0 & \boldsymbol{0}_{(4N-4)\times4} \\ \vdots & \vdots & \vdots & \vdots & \vdots & & \vdots & \\ \left(\prod_{i=N}^{2}\boldsymbol{T}_i\right)_{12} & \left(\prod_{i=N}^{2}\boldsymbol{T}_i\right)_{14} & \left(\prod_{i=N}^{3}\boldsymbol{T}_i\right)_{12} & \left(\prod_{i=N}^{3}\boldsymbol{T}_i\right)_{14} & \cdots & (\boldsymbol{T}_N)_{12} & (\boldsymbol{T}_N)_{14} & \\ \left(\prod_{i=N}^{2}\boldsymbol{T}_i\right)_{32} & \left(\prod_{i=N}^{2}\boldsymbol{T}_i\right)_{34} & \left(\prod_{i=N}^{3}\boldsymbol{T}_i\right)_{32} & \left(\prod_{i=N}^{3}\boldsymbol{T}_i\right)_{34} & \cdots & (\boldsymbol{T}_N)_{32} & (\boldsymbol{T}_N)_{34} & \end{array}\right]$$

式中，$\prod_{i=N}^{k}\boldsymbol{T}_i = \boldsymbol{T}_N\boldsymbol{T}_{N-1}\cdots\boldsymbol{T}_k$，表示连乘关系。

由式(2-35)得

$$\begin{Bmatrix} x \\ \beta \\ y \\ \alpha \end{Bmatrix}_0 = -\begin{bmatrix} \boldsymbol{B}_{21} & \boldsymbol{B}_{23} \\ \boldsymbol{B}_{41} & \boldsymbol{B}_{43} \end{bmatrix}_{4\times4}^{-1} \boldsymbol{T}_{z,4\times4N} \begin{bmatrix} \Delta\boldsymbol{Z}_{x,1} \\ \Delta\boldsymbol{Z}_{y,1} \\ \vdots \\ \Delta\boldsymbol{Z}_{x,N} \\ \Delta\boldsymbol{Z}_{y,N} \end{bmatrix}_{4N\times1} \tag{2-43}$$

记

$$\boldsymbol{T}_c = -\begin{bmatrix} \boldsymbol{B}_{21} & \boldsymbol{B}_{23} \\ \boldsymbol{B}_{41} & \boldsymbol{B}_{43} \end{bmatrix}_{4\times4}^{-1}$$

将式(2-43)代入式(2-42)整理后得到：

$$\{x_1 \quad \beta_1 \quad y_1 \quad \alpha_1 \quad \cdots \quad x_N \quad \beta_N \quad y_N \quad \alpha_N\}^{\mathrm{T}} = \left(\boldsymbol{T}_a\boldsymbol{T}_c\boldsymbol{T}_z + \boldsymbol{T}_b\right) \begin{bmatrix} \Delta\boldsymbol{Z}_{x,1} \\ \Delta\boldsymbol{Z}_{y,1} \\ \vdots \\ \Delta\boldsymbol{Z}_{x,N} \\ \Delta\boldsymbol{Z}_{y,N} \end{bmatrix}_{4N\times1} \tag{2-44}$$

记

$$\boldsymbol{T}_d = \boldsymbol{T}_a\boldsymbol{T}_c\boldsymbol{T}_z + \boldsymbol{T}_b$$

则式(2-44)可表示为

$$\begin{bmatrix} \Delta\boldsymbol{Z}_{x,1} \\ \Delta\boldsymbol{Z}_{y,1} \\ \vdots \\ \Delta\boldsymbol{Z}_{x,N} \\ \Delta\boldsymbol{Z}_{y,N} \end{bmatrix}_{4N\times1} - \boldsymbol{T}_d^{-1} \begin{Bmatrix} x_1 \\ \beta_1 \\ y_1 \\ \alpha_1 \\ \vdots \\ x_N \\ \beta_N \\ y_N \\ \alpha_N \end{Bmatrix}_{4N\times1} = \begin{bmatrix} 0 \\ 0 \\ \vdots \\ 0 \\ 0 \end{bmatrix}_{4N\times1} \tag{2-45}$$

将式(2-20)、式(2-21)、式(2-23)～式(2-25)代入式(2-45)，化简得转子系统瞬态运动方程为

$$\boldsymbol{M}_{4N\times4N}\ddot{\boldsymbol{X}} + \boldsymbol{C}_{4N\times4N}\dot{\boldsymbol{X}} + \boldsymbol{K}_{4N\times4N}\boldsymbol{X} = \boldsymbol{F}_{4N\times1} \tag{2-46}$$

式中，质量矩阵：

$$M_{4N\times 4N} = \mathrm{diag}(m_1, I_{d_1}, m_1, I_{d_1}, \cdots, m_N, I_{d_N}, m_N, I_{d_N})$$

阻尼矩阵：

$$C_{4N\times 4N} = \begin{bmatrix} C_{1,4\times 4} & & & 0 \\ & C_{2,4\times 4} & & \\ & & \ddots & \\ 0 & & & C_{N,4\times 4} \end{bmatrix}_{4N\times 4N}$$

式中，

$$C_{i,4\times 4} = \begin{bmatrix} c_{e_i} & 0 & 0 & 0 \\ 0 & 0 & 0 & I_{p_i}\dot{\varphi} \\ 0 & 0 & c_{e_i} & 0 \\ 0 & -I_{p_i}\dot{\varphi} & 0 & 0 \end{bmatrix}, \quad i = 1, 2, \cdots, N$$

刚度矩阵：

$$K = \begin{bmatrix} K_{0,2\times 2} & & & 0 \\ & K_{0,2\times 2} & & \\ & & \ddots & \\ 0 & & & K_{0,2\times 2} \end{bmatrix}_{4N\times 4N} \times T_d^{-1}$$

$$K_{0,2\times 2} = \begin{bmatrix} 0 & 1 \\ -1 & 0 \end{bmatrix}$$

瞬态不平衡激振力：

$$F_{4N\times 1} = \begin{bmatrix} F_{x,1} & 0 & F_{y,1} & 0 & \cdots & F_{x,N} & 0 & F_{y,N} & 0 \end{bmatrix}^{\mathrm{T}}$$

$F_{x,i}$、$F_{y,i}(i = 1, 2, \cdots, N)$ 的表达式如式(2-20)。

2.3.2 复杂转子的瞬态响应分析

本小节通过双盘偏置转子和四盘转子的数值算例对多盘转子的瞬态响应进行仿真分析，以总结多盘转子的瞬态运动规律。

1. 双盘偏置转子模型及结构参数

考虑图 2-11 所示的双盘偏置转子模型(结构参数如表 2-2 所示)，对其进行加速瞬态响应研究。

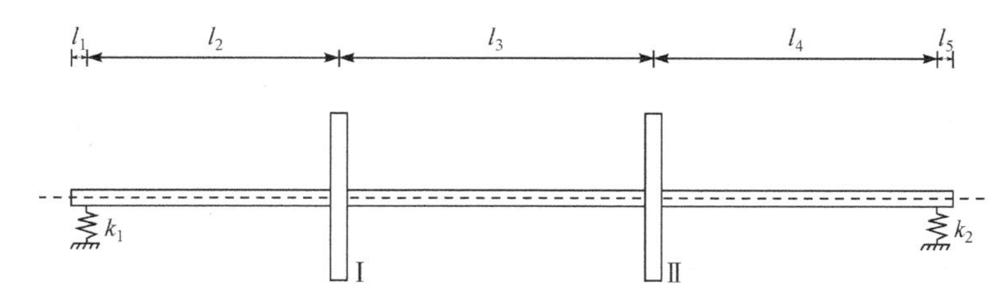

图 2-11　双盘偏置转子模型

表 2-2　双盘偏置转子的结构参数

参数	取值
公共参数	材料密度：$\rho = 7.8 \times 10^3 \text{kg/m}^3$；弹性模量：$E = 2.1 \times 10^{11} \text{Pa}$
轴参数	长度：$l_1 = l_5 = 10\text{mm}$，$l_2 = 160\text{mm}$，$l_3 = 200\text{mm}$，$l_4 = 180\text{mm}$；直径：$d = 10\text{mm}$
盘参数	直径：$D_{\text{I}} = 90\text{mm}$，$D_{\text{II}} = 150\text{mm}$；质量：$m_{\text{I}} = 1.5\text{kg}$，$m_{\text{II}} = 4\text{kg}$； 不平衡偏心：$e_{\text{I}} = 1 \times 10^{-4}\text{m}\angle 60°$，$e_{\text{II}} = 5 \times 10^{-5}\text{m}\angle 150°$
支承参数	$k_{1x} = k_{1y} = 7.0 \times 10^5 \text{N/m}$；$k_{2x} = k_{2y} = 5.5 \times 10^5 \text{N/m}$

2. 四盘转子模型及结构参数

考虑图 2-12 所示的四盘转子模型(结构参数如表 2-3 所示)，对其进行加速瞬态响应研究。

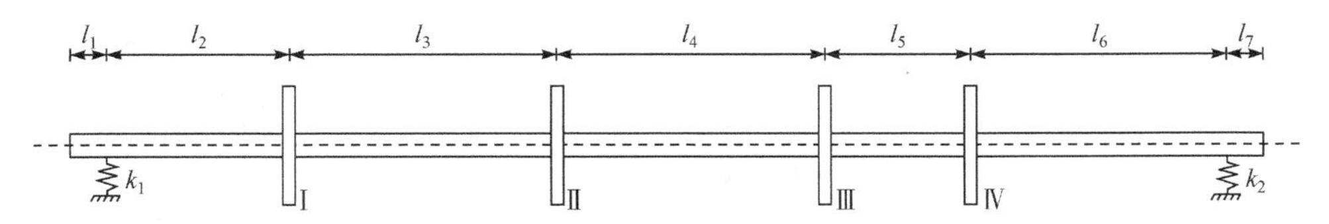

图 2-12　四盘转子模型

表 2-3　四盘转子的结构参数

参数	取值
公共参数	材料密度：$\rho = 7.8 \times 10^3 \text{kg/m}^3$；弹性模量：$E = 2.1 \times 10^{11} \text{Pa}$
轴参数	直径：$d = 20\text{mm}$；长度：$l_1 = l_7 = 30\text{mm}$，$l_2 = 150\text{mm}$，$l_3 = l_4 = 220\text{mm}$，$l_5 = 120\text{mm}$，$l_6 = 210\text{mm}$
盘参数	直径：$D = 200\text{mm}$；厚度：$h = 30\text{mm}$； 不平衡偏心：$e_{\text{I}} = 1.5 \times 10^{-4}\text{m}\angle 300°$，$e_{\text{II}} = 2.4 \times 10^{-4}\text{m}\angle 60°$， $e_{\text{III}} = 3.6 \times 10^{-4}\text{m}\angle 180°$，$e_{\text{IV}} = 2 \times 10^{-4}\text{m}\angle 45°$
支承参数	$k_{1x} = k_{1y} = 5.5 \times 10^5 \text{N/m}$；$k_{2x} = k_{2y} = 5.0 \times 10^5 \text{N/m}$

3. 加速瞬态响应分析

当双盘偏置转子以恒定的角加速度 $\ddot{\phi}(t)=45\text{rad/s}^2$ 起动时，两盘处的瞬态响应如图 2-13 和图 2-14 所示。

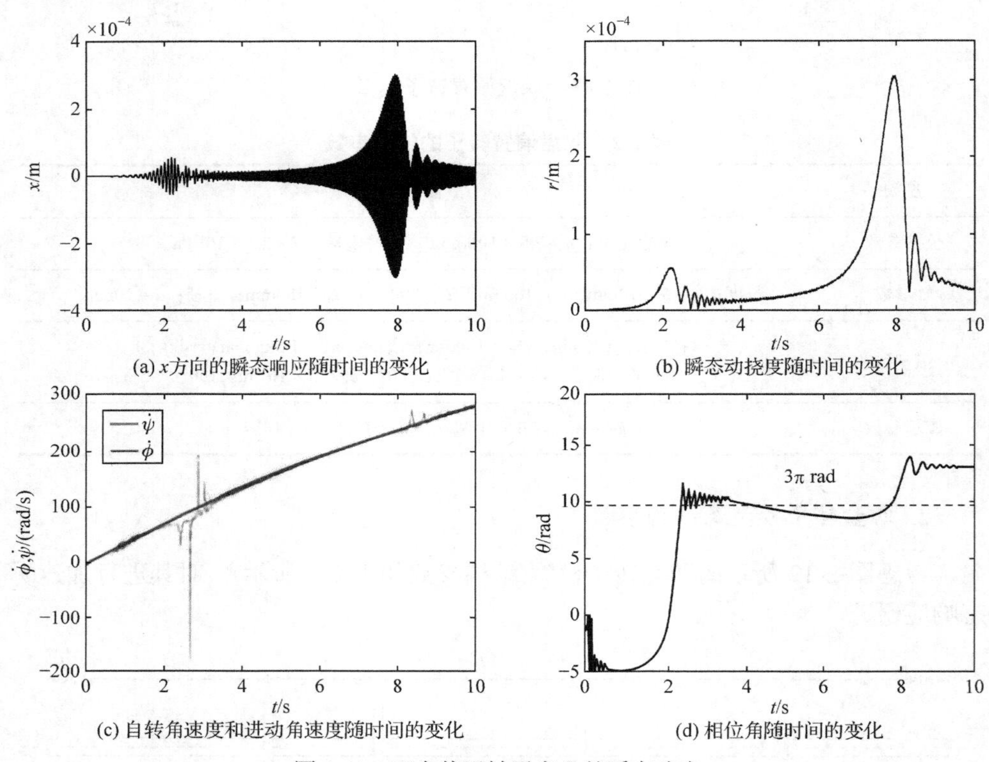

(a) x方向的瞬态响应随时间的变化　　(b) 瞬态动挠度随时间的变化

(c) 自转角速度和进动角速度随时间的变化　　(d) 相位角随时间的变化

图 2-13　双盘偏置转子盘 I 的瞬态响应

当四盘转子以恒定的角加速度 $\ddot{\phi}(t)=40\text{rad/s}^2$ 起动时，特征盘的瞬态响应如图 2-15～图 2-18 所示。

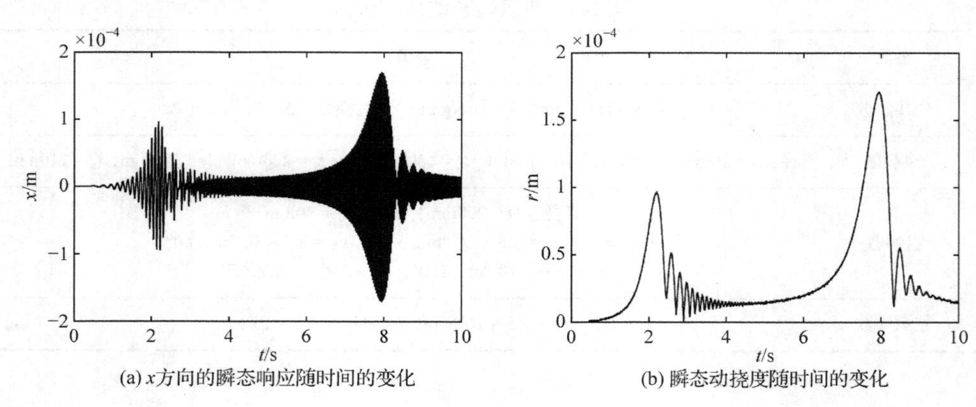

(a) x方向的瞬态响应随时间的变化　　(b) 瞬态动挠度随时间的变化

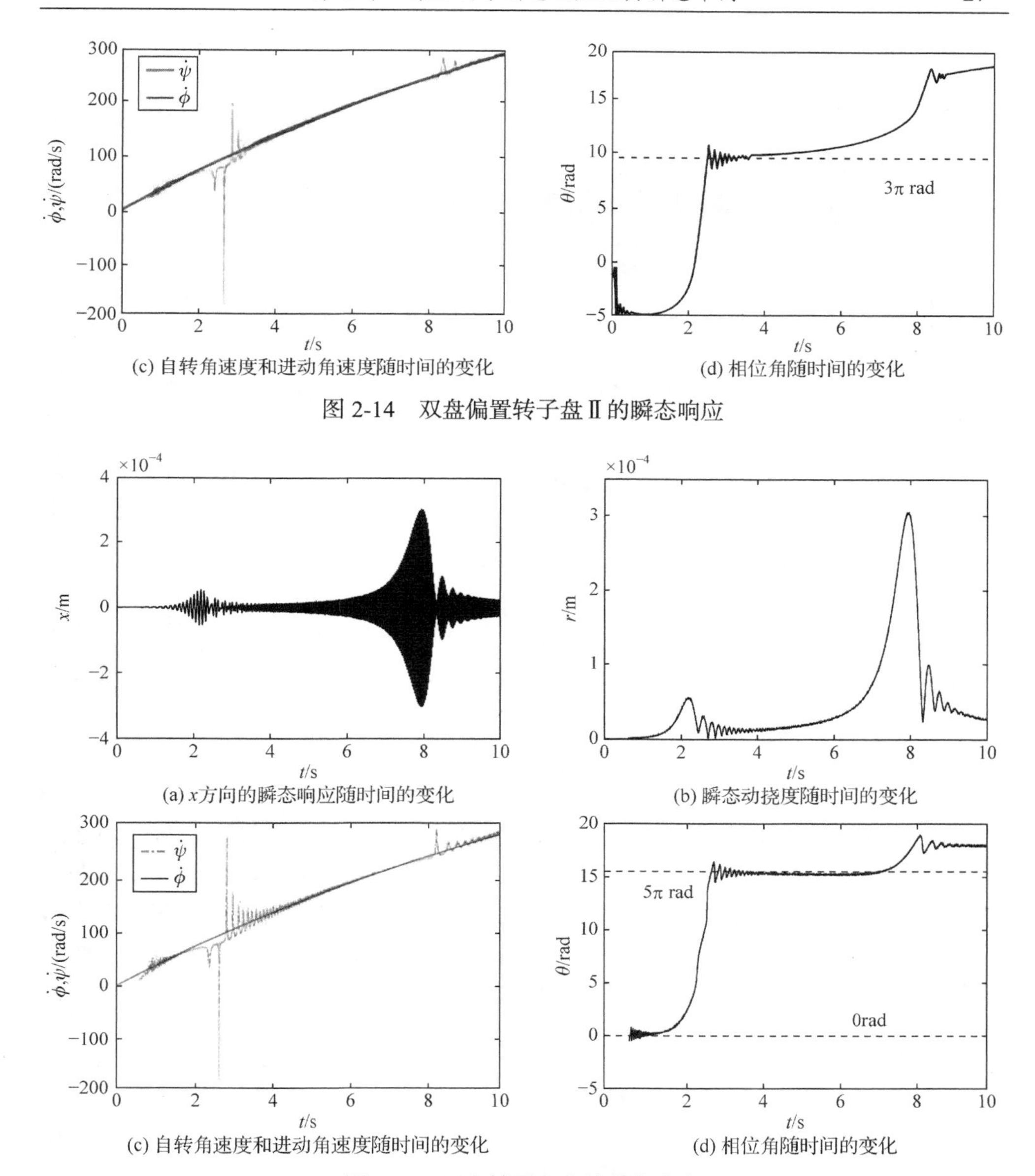

(c) 自转角速度和进动角速度随时间的变化　(d) 相位角随时间的变化

图 2-14　双盘偏置转子盘Ⅱ的瞬态响应

(a) x方向的瞬态响应随时间的变化　(b) 瞬态动挠度随时间的变化

(c) 自转角速度和进动角速度随时间的变化　(d) 相位角随时间的变化

图 2-15　四盘转子盘Ⅰ的瞬态响应

4. 多盘转子的瞬态运动规律

通过对图 2-13～图 2-18 的分析，得到多盘转子瞬态响应规律总结如下：

(1) 在每一临界区内，特征盘的瞬态动挠度会迅速增大，在经过每阶共振峰值后的减小过程中都会出现有规律的波动。

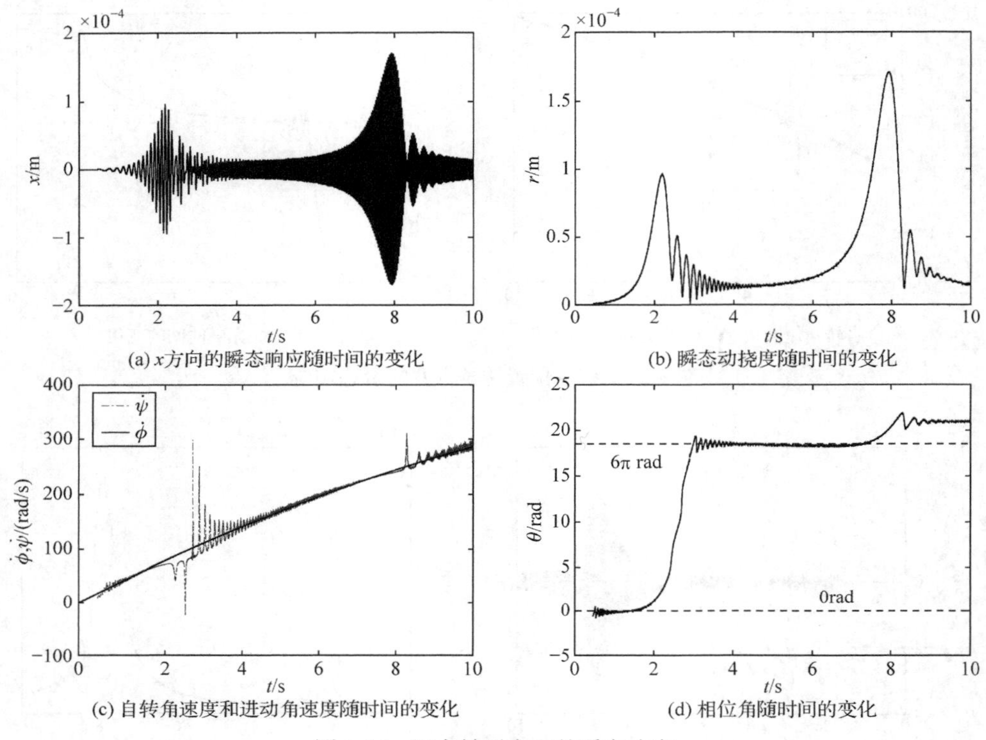

(a) x方向的瞬态响应随时间的变化　(b) 瞬态动挠度随时间的变化

(c) 自转角速度和进动角速度随时间的变化　(d) 相位角随时间的变化

图 2-16　四盘转子盘Ⅱ的瞬态响应

(2) 在远离每阶临界转速区内(低速区或高速区)，进动角速度围绕自转角速度有小幅波动，且该区域距离临界区越远，这种波动的幅度越小，甚至会出现两者基本相等的情况；在每阶临界转速区内，进动角速度会围绕自转角速度出现剧烈的波动。与单盘转子的瞬态运动相似，每阶临界转速区内，进动角速度的波动情况与转子的升速率(角加速度)和阻尼有关，阻尼越小或者升速率越大，每阶临

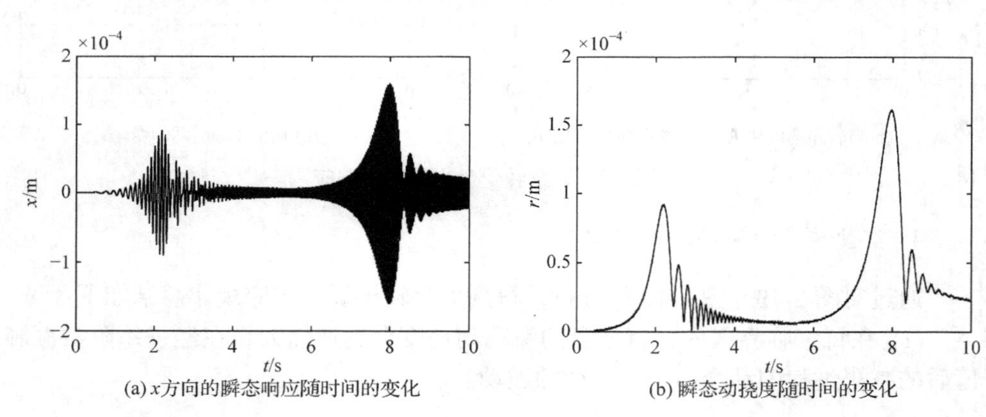

(a) x方向的瞬态响应随时间的变化　(b) 瞬态动挠度随时间的变化

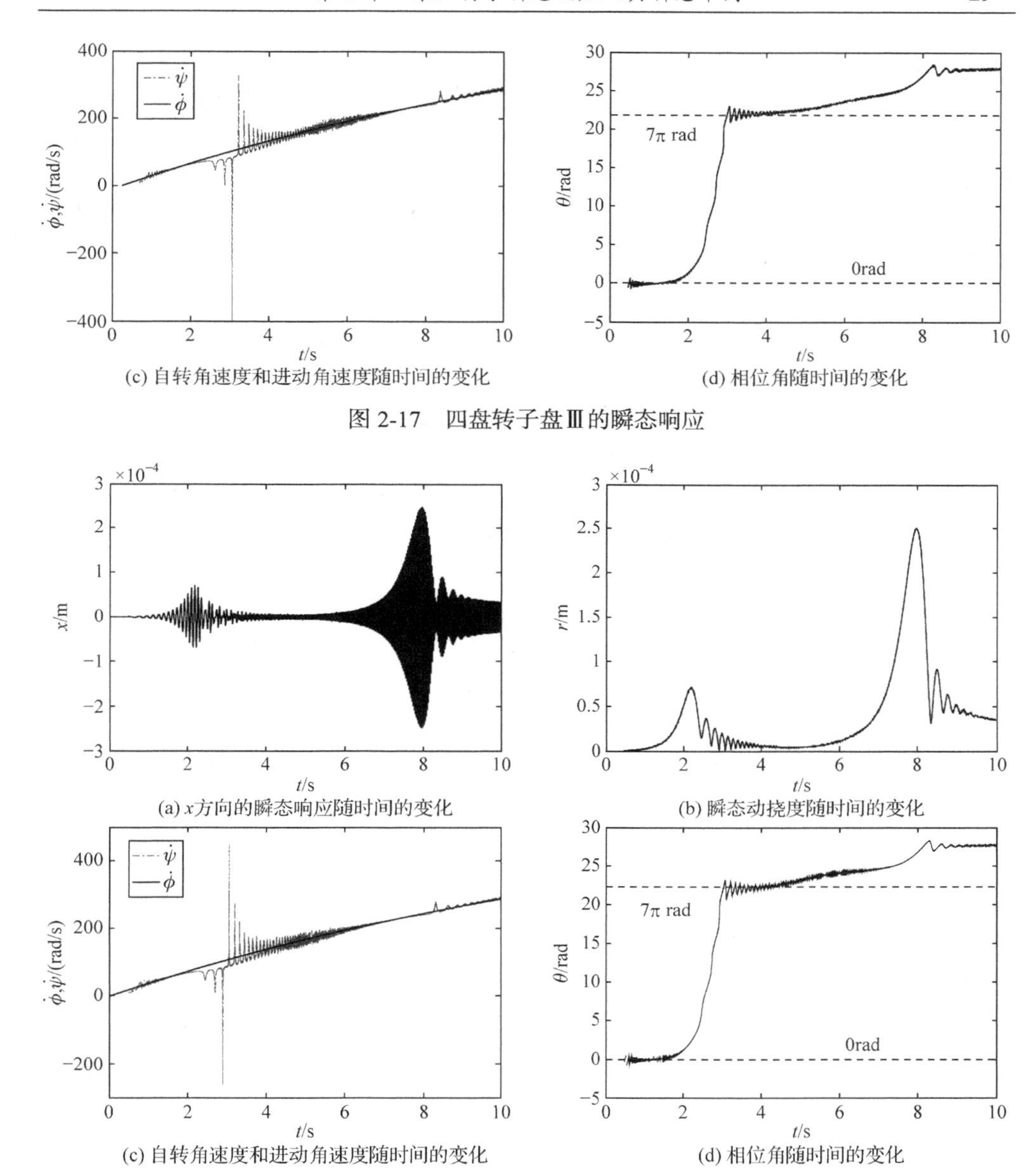

(c) 自转角速度和进动角速度随时间的变化

(d) 相位角随时间的变化

图 2-17　四盘转子盘Ⅲ的瞬态响应

(a) x方向的瞬态响应随时间的变化

(b) 瞬态动挠度随时间的变化

(c) 自转角速度和进动角速度随时间的变化

(d) 相位角随时间的变化

图 2-18　四盘转子盘Ⅳ的瞬态响应

界转速区内进动角速度波动越剧烈。在小阻尼情况下，当升速率足够大时，转子在短时间内可能出现反进动现象。

(3) 与单盘转子的瞬态运动相似，可根据进动角速度和自转角速度的关系，将每一临界区对应的进动角速度和相位角的变化分为 3 个区。一区对应低速区，此时转子的相位角缓慢变化；二区对应共振区，此时相位角持续增大；三区对应转子越过临界区，此时相位角围绕某一定值出现有规律的波动。

(4) 在经过每一共振峰值后，特征盘处的瞬态动挠度、进动角速度、相位角三者具有相同的波动频率，且瞬态动挠度与进动角速度的波动的相位差为 180°(反向)，与相位角的波动相差 90°。

(5) 加速起动过程中，多盘转子系统经过每阶临界区的瞬态响应与单盘转子具有相似性，但仍有一定的区别，尤其是相位角的变化，两者有很大的差别。在经过一阶临界区时，多盘转子系统相位角变化与单盘转子具有相同的规律，但经过二阶临界区时，多盘转子系统相位角变化趋势虽然遵循一定的规律，但其最终趋近的定值并不为$(2n+1)\pi$rad。

本章首先以杰夫科特转子模型为例，对单盘转子起动过程的瞬态响应进行了分析，归纳总结了单盘转子瞬态响应规律。随后通过传递矩阵法建立了多盘转子的瞬态运动方程，分析了其加速瞬态响应，并且与单盘转子的瞬态响应进行了比较，为进一步研究无试重瞬态高速动平衡奠定了基础。

第 3 章　无试重瞬态高速动平衡及工程应用

无试重瞬态高速动平衡方法是从转子的不平衡振动响应和转子的频响函数出发，基于动载荷识别方法，首先完成转子瞬态不平衡激振力的识别。随后，对已识别的转子瞬态不平衡激振力谱线进行深入分析，结合相位识别方法提取转子的不平衡参数。在计算出的转子不平衡的反向位置上加平衡配重，完成转子的平衡过程[61-62]。本章对无试重瞬态高速动平衡理论进行详细介绍。

3.1　动载荷识别方法

结构动力学中的动载荷识别方法自 20 世纪 70 年代就已经开始研究。从早期的航空航天工业领域，到现在的车辆工程、桥梁与建筑工程和船舶工程领域等，有关动载荷识别的研究获得了快速发展[71-81]。这些研究主要集中在频域内对单点或多点动载荷的识别，许多新的识别方法和由此得出的识别结果已经应用到了实际结构的设计上。下面对动载荷识别的基本原理和步骤进行简要阐述。

一个振动系统包括了三个方面：输入、输出和系统模型(或系统特性)。输入就是载荷，可以是力、力矩，也可以是运动量或振动环境。输出就是响应，包括系统的位移、速度、加速度或内力、应力、应变等。从输入、输出与系统特性三者的关系来看，一般可将所研究的振动相关问题分为三大类。第一类：已知系统模型和外载荷求响应，称为响应计算或正问题。第二类：已知输入和输出求系统特性，称为系统识别或参数识别，又称为第一类反问题。第三类：先测量出待识别系统的动态响应，然后根据仿真或模态实验得到的系统特性，去识别输入载荷，这样的一个过程称为动载荷识别过程，也称为第二类反问题。对于很多实际工程结构，在工作过程中，其受到的外部动载荷往往很难直接测量到。间接测量法一般是指，根据待识别系统的动响应和固有特性计算得到结构的动载荷输入[82]。动载荷识别过程如图 3-1 所示。

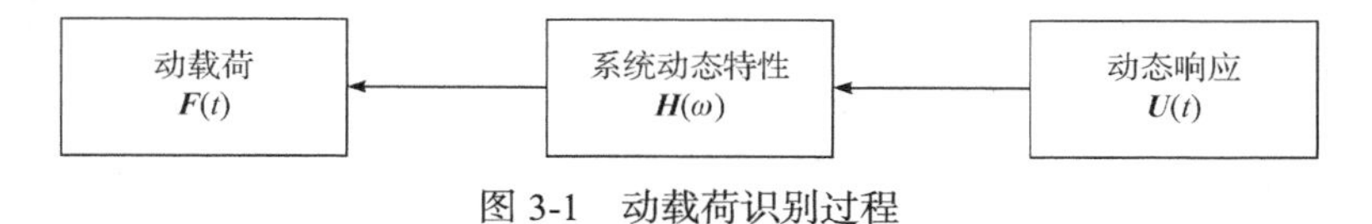

图 3-1　动载荷识别过程

无论是工程结构的振动正问题分析，还是工程结构的振动反问题分析，都依赖于结构动载荷的确定。动载荷为结构的动力学响应计算、动态设计和故障诊断提供可靠的依据。为减小振动，从而确保结构的安全性，需要提供确切的外载荷响应。结构动载荷识别方法根据待识别系统的数学模型，一般可分为两大类：一类是频域动载荷识别方法；另一类是时域动载荷识别方法。前者根据测量的动响应和系统模态参数与频响函数在频域中进行输入识别；后者根据动响应和系统动力学微分方程直接在时域中进行输入识别。在频域内，输入和输出呈线性关系，其逆问题比较容易处理。频域动载荷识别方法比较适合长时间样本的识别。然而，较短的时间样本因为系统建模难度加大，对应的傅里叶变换误差变大，动载荷识别的精度也会随之变得很差，所以对识别时间的长短有一定的限制。在时域内，输入和输出的关系比较复杂，在数学上表现为卷积关系，时域动载荷识别方法比较适合于短时间样本的识别。然而，时域动载荷识别方法由于在系统建模时对时间进行了离散，精度受到了影响，因此在对系统方程求逆的过程中会遇到稳定性问题。相对于频域动载荷识别方法而言，时域动载荷识别方法的计算难度较大，计算时间也较长，所以在工程实际中的运用范围比频域识别方法小很多。下面介绍在频域动载荷识别方法中两类必要的方法：频响函数矩阵求逆法和模态坐标变换法。

3.1.1 频响函数矩阵求逆法

频响函数矩阵求逆法认为结构的频响函数矩阵是已知的，并且假定：动载荷和动响应呈线性关系；动响应完全由待识别的动载荷产生[82]。对于某测得响应，系统载荷和响应有以下关系：

$$\boldsymbol{U}(\omega)_{L\times1}=\boldsymbol{H}(\omega)_{L\times P}\boldsymbol{F}(\omega)_{P\times1} \tag{3-1}$$

式中，$\boldsymbol{U}(\omega)_{L\times1}$ 为动响应谱向量；L 为动响应的测量点个数；$\boldsymbol{F}(\omega)_{P\times1}$ 为动载荷谱向量；P 为待识别的载荷个数；$\boldsymbol{H}(\omega)_{L\times P}$ 为系统的频响函数矩阵。$\boldsymbol{F}(\omega)_{P\times1}$ 可由下式求得

$$\boldsymbol{F}(\omega)_{P\times1}=\begin{cases}\boldsymbol{H}_{L\times P}^{-1}(\omega)\boldsymbol{U}_{L\times1}(\omega), & P=L\\ \left[\boldsymbol{H}_{L\times P}^{\mathrm{T}}(\omega)\boldsymbol{H}_{L\times P}(\omega)\right]^{-1}\boldsymbol{H}_{L\times P}^{\mathrm{T}}(\omega)\boldsymbol{U}_{L\times1}(\omega), & P<L\end{cases} \tag{3-2}$$

式中，T 代表矩阵的转置。

将式(3-2)得到的频域中的动载荷谱向量 $\boldsymbol{F}(\omega)_{P\times1}$ 进行傅里叶逆变换，即可得到时域中包含不平衡信息的动载荷谱向量 $\boldsymbol{F}(t)_{P\times1}$。至此，完成了频域动载荷的整个识别过程。

3.1.2 模态坐标变换法

通过式(3-2)即可完成系统的载荷识别，但实际的频响函数矩阵 $\boldsymbol{H}(\omega)_{L\times P}$ 往往

比较复杂，难以从转子的响应中直接获得，而在模态坐标下可使振动微分方程变得简单。因此引入模态坐标变换法，在动载荷识别前，可先识别对应于模态坐标下的广义力(模态力)，然后变换为物理坐标所对应的载荷，以期达到将系统的频响函数简单化的目的。系统的模态参数可通过理论计算或模态试验分析获得。

1. 具有 N 自由度的比例阻尼线性系统

系统响应和模态矩阵之间有如下关系：

$$\boldsymbol{U}(\omega)_{N\times1}=\boldsymbol{\Phi}_{N\times N}\boldsymbol{U}_{\Phi}(\omega)_{N\times1} \tag{3-3}$$

式中，$\boldsymbol{U}(\omega)_{N\times1}$ 为响应谱向量；$\boldsymbol{\Phi}_{N\times N}$ 为系统模态振型组成的矩阵；$\boldsymbol{U}_{\Phi}(\omega)_{N\times1}$ 为响应谱向量在频域下的模态坐标向量：

$$\boldsymbol{U}_{\Phi}(\omega)_{N\times1}=\left[q_1(\omega),q_2(\omega),\cdots,q_N(\omega)\right]^{\mathrm{T}} \tag{3-4}$$

从数学意义上讲，$\boldsymbol{\Phi}_{N\times N}$ 为坐标变换矩阵。系统的运动微分方程可通过模态坐标变换为解耦的独立运动方程：

$$\boldsymbol{H}_{\Phi}(\omega)\boldsymbol{\Phi}_{N\times N}^{-1}\boldsymbol{U}_{\Phi}(\omega)=\boldsymbol{F}_{\Phi}(\omega) \tag{3-5}$$

$$\boldsymbol{H}_{\Phi}(\omega)=-\omega^2\begin{bmatrix}O & & \\ & M_r & \\ & & O\end{bmatrix}+\mathrm{j}\omega\begin{bmatrix}O & & \\ & C_r & \\ & & O\end{bmatrix}+\begin{bmatrix}O & & \\ & K_r & \\ & & O\end{bmatrix} \tag{3-6}$$

式中，M_r 为系统的第 r 阶模态质量；K_r 为第 r 阶模态刚度；C_r 为第 r 阶模态阻尼；$\boldsymbol{F}_{\Phi}(\omega)$ 为频域下的模态力谱向量。求出模态力谱向量之后可由模态坐标反变换得到载荷谱向量：

$$\begin{cases}\boldsymbol{F}(\omega)=\boldsymbol{\Phi}^{-\mathrm{T}}\boldsymbol{F}_{\Phi}(\omega)\\ \boldsymbol{F}(\omega)=\boldsymbol{H}^{-1}(\omega)\boldsymbol{U}(\omega)\\ \boldsymbol{H}(\omega)=\boldsymbol{\Phi}\boldsymbol{H}_{\Phi}^{-1}(\omega)\boldsymbol{\Phi}^{\mathrm{T}}\end{cases} \tag{3-7}$$

最后将得到的 $\boldsymbol{F}(\omega)$ 做傅里叶逆变换可获得时域下的动载荷向量 $\boldsymbol{F}(t)$。综上所述，模态坐标变换法识别流程可由图 3-2 表示。

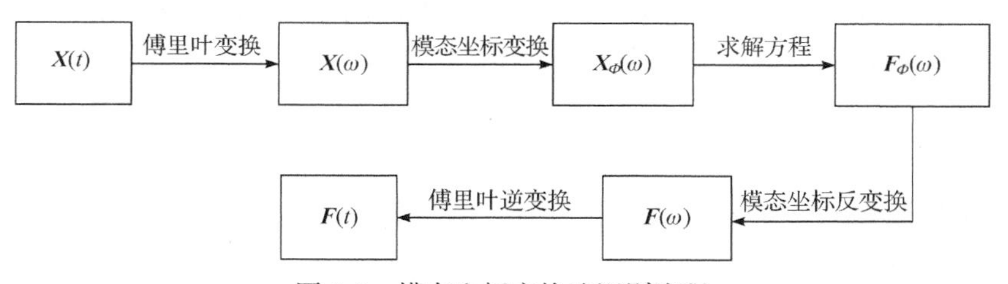

图 3-2　模态坐标变换法识别流程

2. 具有 N 自由度的非比例阻尼线性系统

具有一般阻尼的线性系统，其模态为复模态，其形式可用状态向量描述[82]，设状态响应为

$$\boldsymbol{V}(t)=\begin{bmatrix}\boldsymbol{U}(t)\\ \dot{\boldsymbol{U}}(t)\end{bmatrix} \tag{3-8}$$

可将系统的运动微分方程表示成由状态向量描述的一阶线性微分方程组：

$$\boldsymbol{A}\dot{\boldsymbol{V}}(t)+\boldsymbol{B}\boldsymbol{V}(t)=\boldsymbol{F}(t) \tag{3-9}$$

$$\boldsymbol{A}=\begin{bmatrix}\boldsymbol{C} & \boldsymbol{M}\\ \boldsymbol{M} & \boldsymbol{0}\end{bmatrix},\quad \boldsymbol{B}=\begin{bmatrix}\boldsymbol{K} & \boldsymbol{0}\\ \boldsymbol{0} & -\boldsymbol{M}\end{bmatrix} \tag{3-10}$$

接下来的分析与前一种方法类似，最后可得动载荷的频谱。

采用模态坐标变换法可避免频响函数矩阵求逆时出现的不稳定问题，而且矩阵运算的次数较少。但要首先确定系统的模态参数，从而确定频响函数。因此，动载荷的识别精度与模态参数的识别精度有密切关系。

3.2　转子频响函数的确定

转子的频响函数由模态振型矩阵、模态质量、固有频率、模态阻尼比等组成，而以上模态参数可通过有限元仿真或试验模态分析获得。对于不同的转子模型，其频响函数也不尽相同。有限元法可以对大型、复杂转子结构系统进行模拟，计算结果精度较高，可以很好地进行转子临界转速和模态参数的计算[83-87]。下面对采用有限元法获得转子频响函数的具体过程进行介绍。

有限元法是结构动力学软件中应用最普遍的方法。其主要思想是基于实际模型，将转子系统分成若干单元，并按一定的顺序进行编号。其中，每个单元截面中心分布有结点，转子各单元通过结点连接在一起。通过将单元和结点的运动方程按一定的规律进行组合，即可得到转子系统的瞬态运动方程。组成转子-轴承系统的单元有刚性圆盘、弹性轴段和轴承座，对于不同的单元，其运动方程也不尽相同，每种单元的运动方程分别叙述如下。

1. 刚性圆盘

设刚性圆盘的质量、过轴心的转动惯量和极转动惯量分别为 m、J_{d}、J_{p}，则圆盘的运动方程为

$$\begin{cases} \boldsymbol{M}_{\rm d}\ddot{\boldsymbol{u}}_{1\rm d} + \Omega \boldsymbol{J}\dot{\boldsymbol{u}}_{2\rm d} = \boldsymbol{Q}_{1\rm d} \\ \boldsymbol{M}_{\rm d}\ddot{\boldsymbol{u}}_{2\rm d} - \Omega \boldsymbol{J}\dot{\boldsymbol{u}}_{1\rm d} = \boldsymbol{Q}_{2\rm d} \end{cases} \tag{3-11}$$

式中，$\boldsymbol{M}_{\rm d}$ 为圆盘的质量矩阵，或称惯性矩阵；$\Omega \boldsymbol{J}$ 为回转矩阵；$\boldsymbol{Q}_{1\rm d}$ 和 $\boldsymbol{Q}_{2\rm d}$ 为相应的广义力，它包括该圆盘两端弹性轴所作用的力和力矩，如圆盘(结点)处具有支承，还包括支承的约束力等。

设圆盘具有微小的偏心距 e_ξ、e_η，不计微小偏心对 $J_{\rm d}$ 和 $J_{\rm p}$ 的影响，则偏心圆盘的运动方程仍为式(3-11)，此时广义力中还包括不平衡力。不平衡力所对应的广义力可近似表示为

$$\begin{cases} \boldsymbol{Q}_{1\rm d}^{u} = m\Omega^2\left(\begin{Bmatrix} e_\xi \\ 0 \end{Bmatrix}\cos \Omega t + \begin{Bmatrix} -e_\eta \\ 0 \end{Bmatrix}\sin \Omega t\right) \\ \boldsymbol{Q}_{2\rm d}^{u} = m\Omega^2\left(\begin{Bmatrix} e_\eta \\ 0 \end{Bmatrix}\cos \Omega t + \begin{Bmatrix} e_\xi \\ 0 \end{Bmatrix}\sin \Omega t\right) \end{cases} \tag{3-12}$$

2. 弹性轴段

对于长为 l，半径为 r 的圆截面轴，其运动方程为

$$\begin{cases} \boldsymbol{M}_{\rm s}\ddot{\boldsymbol{u}}_{1\rm s} + \Omega \boldsymbol{J}_{\rm s}\dot{\boldsymbol{u}}_{2\rm s} + \boldsymbol{K}_{\rm s}\boldsymbol{u}_{1\rm s} = \boldsymbol{Q}_{1\rm s} \\ \boldsymbol{M}_{\rm s}\dot{\boldsymbol{u}}_{2\rm s} - \Omega \boldsymbol{J}_{\rm s}\ddot{\boldsymbol{u}}_{1\rm s} + \boldsymbol{K}_{\rm s}\boldsymbol{u}_{2\rm s} = \boldsymbol{Q}_{2\rm s} \end{cases} \tag{3-13}$$

式中，$\Omega \boldsymbol{J}_{\rm s}$ 为回转矩阵；$\boldsymbol{M}_{\rm s} = \boldsymbol{M}_{{\rm s}T} + \boldsymbol{M}_{{\rm s}R}$，且

$$\boldsymbol{M}_{{\rm s}T} = \frac{\mu l}{420}\begin{bmatrix} 156 & 22l & 54 & -13l \\ 22l & 4l^2 & 13l & -3l \\ 54 & 13l & 156 & -22l \\ -13l & -3l & -22l & 4l^2 \end{bmatrix}, \quad \boldsymbol{M}_{{\rm s}R} = \frac{\mu r^2}{120}\begin{bmatrix} 36 & 3l & -36 & 3l \\ 3l & 4l^2 & -3l & -l^2 \\ -36 & -3l & 36 & -3l \\ 3l & -l^2 & -3l & 4l^2 \end{bmatrix}$$

$$\boldsymbol{J}_{\rm s} = \frac{\mu r^2}{60}\begin{bmatrix} 36 & 3l & -36 & 3l \\ 3l & 4l^2 & -3l & -l^2 \\ -36 & -3l & 36 & -3l \\ 3l & -l^2 & -3l & 4l^2 \end{bmatrix}, \quad \boldsymbol{K}_{\rm s} = \frac{EI}{l^3}\begin{bmatrix} 12 & 6l & -12 & 6l \\ 6l & 4l^2 & -6l & 2l^2 \\ -12 & -3l & 12 & -6l \\ 6l & 2l^2 & -6l & 4l^2 \end{bmatrix}$$

式中，μ 为轴段单位长度质量；$\boldsymbol{M}_{{\rm s}T}$ 为单元的移动惯性矩阵；$\boldsymbol{M}_{{\rm s}R}$ 为转动惯性矩阵；$\boldsymbol{K}_{\rm s}$ 为刚度矩阵。式中矩阵均为实对称矩阵。

3. 轴承座

设轴承座的中心坐标是 $x_{\rm b}$ 、 $y_{\rm b}$ ，轴颈的中心坐标为 $x_{s(j)}$ 、 $y_{s(j)}$ ，则其运动

方程为

$$\begin{bmatrix} M_{\mathrm{b}x} & 0 \\ 0 & M_{\mathrm{b}y} \end{bmatrix} \begin{Bmatrix} \ddot{x}_{\mathrm{b}} \\ \ddot{y}_{\mathrm{b}} \end{Bmatrix} + \begin{bmatrix} c_{xx} & c_{xy} \\ c_{yx} & c_{yy} \end{bmatrix} \begin{Bmatrix} \dot{x}_{\mathrm{b}} - \dot{x}_{s(j)} \\ \dot{y}_{\mathrm{b}} - \dot{y}_{s(j)} \end{Bmatrix} + \begin{bmatrix} k_{xx} & k_{xy} \\ k_{yx} & k_{yy} \end{bmatrix} \begin{Bmatrix} x_{\mathrm{b}} - x_{s(j)} \\ y_{\mathrm{b}} - y_{s(j)} \end{Bmatrix}$$

$$+ \begin{bmatrix} c_{\mathrm{b}xx} & c_{\mathrm{b}xy} \\ c_{\mathrm{b}yx} & c_{\mathrm{b}yy} \end{bmatrix} \begin{Bmatrix} \dot{x}_{\mathrm{b}} \\ \dot{y}_{\mathrm{b}} \end{Bmatrix} + \begin{bmatrix} k_{\mathrm{b}xx} & k_{\mathrm{b}xy} \\ k_{\mathrm{b}yx} & k_{\mathrm{b}yy} \end{bmatrix} \begin{Bmatrix} x_{\mathrm{b}} \\ y_{\mathrm{b}} \end{Bmatrix} = \{0\}$$

式中，$M_{\mathrm{b}x}$、$M_{\mathrm{b}y}$ 分别为轴承座在 x、y 方向的等效质量；c_{xx}、c_{xy}、c_{yx}、c_{yy} 为轴承座油膜阻尼系数；k_{xx}、k_{xy}、k_{yx}、k_{yy} 为轴承座油膜刚度系数；$c_{\mathrm{b}xx}$、$c_{\mathrm{b}xy}$、$c_{\mathrm{b}yx}$、$c_{\mathrm{b}yy}$ 为轴承座的阻尼系数；$k_{\mathrm{b}xx}$、$k_{\mathrm{b}xy}$、$k_{\mathrm{b}yx}$、$k_{\mathrm{b}yy}$ 为轴承座的刚度系数。

对于具有 N 个结点，用 $N-1$ 个轴段连接而成的转子系统，如不计轴承座的等效质量，则位移向量为

$$\begin{cases} \boldsymbol{U}_1 = \left[x_1, \theta_{y1}, x_2, \theta_{y2}, \cdots, x_N, \theta_{yN}\right]^{\mathrm{T}} \\ \boldsymbol{U}_2 = \left[y_1, -\theta_{x1}, y_2, -\theta_{x2}, \cdots, y_N, -\theta_{xN}\right]^{\mathrm{T}} \end{cases} \tag{3-14}$$

综合各圆盘及轴段单元的运动方程，可得转子系统的运动方程为

$$\begin{cases} \boldsymbol{M}_1\ddot{\boldsymbol{U}}_1 + \varOmega\boldsymbol{J}_1\dot{\boldsymbol{U}}_2 + \boldsymbol{K}_1\boldsymbol{U}_1 = \boldsymbol{Q}_1 \\ \boldsymbol{M}_2\ddot{\boldsymbol{U}}_2 - \varOmega\boldsymbol{J}_1\dot{\boldsymbol{U}}_1 + \boldsymbol{K}_1\boldsymbol{U}_2 = \boldsymbol{Q}_2 \end{cases} \tag{3-15}$$

式中，整体质量矩阵 $\boldsymbol{M}_1$、回转矩阵 $\varOmega\boldsymbol{J}_1$ 和刚度矩阵 $\boldsymbol{K}_1$，都是 $2N\times2N$ 阶的对称稀疏带状矩阵，半带宽为 4。转子系统整体质量矩阵如图 3-3 所示。其中对角线上 4×4 阶方阵表示各轴段单元的一致质量矩阵 $\boldsymbol{M}_{\mathrm{s}}^{(i)}$ $(i=1, 2,\cdots, N-1)$对整体质量矩阵的贡献，各圆盘的质量矩阵 $\boldsymbol{M}_{\mathrm{d}}^{(i)}$ $(i=1, 2,\cdots, N-1)$则叠加在对角线的 2×2 阶方阵内。当然，如结点 j 处没有圆盘，则位于 $2j-1$、$2j$ 行，$2j-1$、$2j$ 列的 $\boldsymbol{M}_{\mathrm{d}}^{(i)}$ 应为 $\boldsymbol{0}$。

矩阵 $\boldsymbol{J}_1$ 的形成与 $\boldsymbol{M}_1$ 完全类似，只要把 $m_{11,\mathrm{s}}^{(i)}$、$m_{12,\mathrm{s}}^{(i)}$、$m_{21,\mathrm{s}}^{(i)}$、$m_{22,\mathrm{s}}^{(i)}$ 改为 $J_{11,\mathrm{s}}^{(i)}$、$J_{12,\mathrm{s}}^{(i)}$、$J_{21,\mathrm{s}}^{(i)}$、$J_{22,\mathrm{s}}^{(i)}$ $(i=1, 2,\cdots, N-1)$，$\boldsymbol{M}_{\mathrm{d}}^{(i)}$ 改为 $J_{\mathrm{d}}^{(i)}$ 即可。

矩阵 $\boldsymbol{K}_1$ 也可用类似的方法形成，即把 $m_{11,\mathrm{s}}^{(i)}$、$m_{12,\mathrm{s}}^{(i)}$、$m_{21,\mathrm{s}}^{(i)}$、$m_{22,\mathrm{s}}^{(i)}$ 改为 $k_{11,\mathrm{s}}^{(i)}$、$k_{12,\mathrm{s}}^{(i)}$、$k_{21,\mathrm{s}}^{(i)}$、$k_{22,\mathrm{s}}^{(i)}$ $(i=1, 2,\cdots, N-1)$。此外 $\boldsymbol{M}_{\mathrm{d}}^{(i)}=\boldsymbol{0}(i=1, 2,\cdots, N-1)$。

本节用有限元法建立了转子系统的运动微分方程，通过微分方程的齐次解，可求得当 $\varOmega=\omega$ 时转子的临界转速和各个模态参数，那么转子的频响函数便可通过式(3-7)得到。

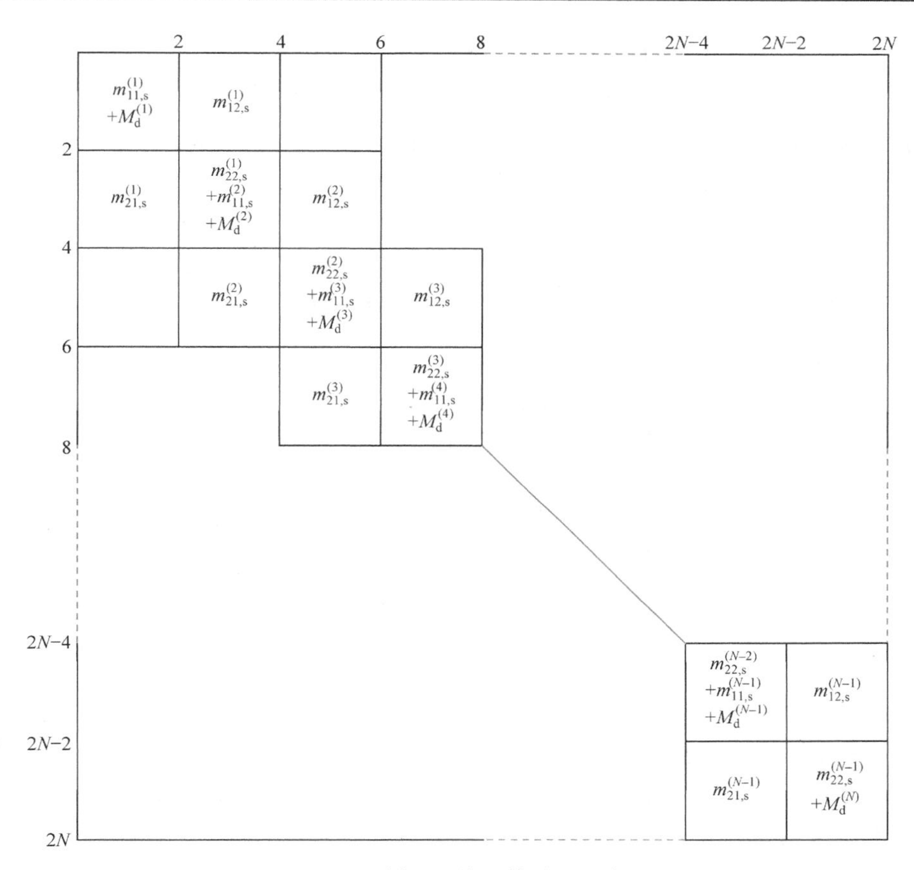

图 3-3 转子系统整体质量矩阵

3.3 基于载荷识别的无试重瞬态高速动平衡方法

3.3.1 不平衡激振力识别方法

1. 转子系统频响函数矩阵求逆

对于转子系统不平衡激振力的计算，需要明确响应的测点与计算不平衡激振力的位置(平衡面)，才能获得与测点和平衡面对应的转子系统频响函数的具体形式。对于具有 N 个自由度带比例阻尼的线性转子，由经典的转子 N 平面模态平衡理论可知，可通过 M 个平衡平面完成其前 M 阶模态平衡。假设该多盘转子的不平衡量均在各个特征盘上，轴上没有不平衡，并认定 x 方向为主方向，则该转子系统的运动微分方程可表示为

$$\boldsymbol{M}_{N\times N}\ddot{\boldsymbol{X}}(t)_{N\times 1}+\boldsymbol{C}_{N\times N}\dot{\boldsymbol{X}}(t)_{N\times 1}+\boldsymbol{K}_{N\times N}\boldsymbol{X}(t)_{N\times 1}=\boldsymbol{F}_x(t)_{N\times 1} \tag{3-16}$$

式中，$\boldsymbol{M}_{N\times N}$、$\boldsymbol{C}_{N\times N}$和$\boldsymbol{K}_{N\times N}$分别表示系统的质量阵、阻尼阵和刚度阵；$\boldsymbol{X}(t)_{N\times 1}$、$\dot{\boldsymbol{X}}(t)_{N\times 1}$和$\ddot{\boldsymbol{X}}(t)_{N\times 1}$分别表示特征盘上$x$方向的位移、速度和加速度；$\boldsymbol{F}_x(t)_{N\times 1}$表示特征盘上$x$方向的激振力向量，其具体表达式为

$$\begin{aligned}&\boldsymbol{F}_x(t)_{N\times 1}=\left[F_{x,1}(t),F_{x,2}(t),\cdots,F_{x,n}(t)\right]^{\mathrm{T}}\\&F_{x,i}(t)=m_ie_i\dot{\varphi}^2(t)\cos\left[\varphi(t)+\varphi_{e,i}\right]+m_ie_i\ddot{\varphi}(t)\sin\left[\varphi(t)+\varphi_{e,i}\right],\quad i=1,2,\cdots,n\end{aligned} \tag{3-17}$$

式中，e_i、$\varphi_{e,i}$分别表示第i个平衡面上的不平衡大小和方位角；$\varphi(t)$、$\dot{\varphi}(t)$、$\ddot{\varphi}(t)$分别表示转子系统的转角、角速度和角加速度。

如果y方向为主方向，那么式(3-17)中的$\boldsymbol{F}_x(t)_{N\times 1}$变为

$$\begin{aligned}&\boldsymbol{F}_y(t)_{N\times 1}=\left[F_{y,1}(t),F_{y,2}(t),\cdots,F_{y,n}(t)\right]^{\mathrm{T}}\\&F_{y,i}(t)=m_ie_i\dot{\varphi}^2(t)\sin\left[\varphi(t)+\varphi_{e,i}\right]-m_ie_i\ddot{\varphi}^2(t)\cos\left[\varphi(t)+\varphi_{e,i}\right],\quad i=1,2,\cdots,n\end{aligned} \tag{3-18}$$

由式(3-1)可知，在频域中，该多盘转子系统响应与激励的关系可表示为

$$\boldsymbol{X}(\omega)=\boldsymbol{H}(\omega)\boldsymbol{F}_x(\omega) \tag{3-19}$$

式中，$\boldsymbol{X}(\omega)$为转子系统x方向的动响应谱；$\boldsymbol{F}_x(\omega)$为平衡面上x方向的激励谱；$\boldsymbol{H}(\omega)$为系统的频响函数矩阵。

假设转子系统随机选取m个测点和n个平衡面(需保证测点数不少于平衡面数)，根据激励和响应的对应关系，在原频谱关系式中按照实测位置和平衡平面位置分解。式(3-19)存在如下关系：

$$\begin{bmatrix}X_1(\omega)\\X_2(\omega)\\\vdots\\X_i(\omega)\\\vdots\\X_m(\omega)\end{bmatrix}_{m\times 1}=\begin{bmatrix}h_{11}(\omega)&h_{12}(\omega)&\cdots&h_{1j}(\omega)&\cdots&h_{1n}(\omega)\\h_{21}(\omega)&h_{22}(\omega)&\cdots&h_{2j}(\omega)&\cdots&h_{2n}(\omega)\\\vdots&\vdots&&\vdots&&\vdots\\h_{i1}(\omega)&h_{i2}(\omega)&\cdots&h_{ij}(\omega)&\cdots&h_{in}(\omega)\\\vdots&\vdots&&\vdots&&\vdots\\h_{m1}(\omega)&h_{m2}(\omega)&\cdots&h_{mj}(\omega)&\cdots&h_{mn}(\omega)\end{bmatrix}_{m\times n}\begin{bmatrix}F_1(\omega)\\F_2(\omega)\\\vdots\\F_i(\omega)\\\vdots\\F_n(\omega)\end{bmatrix}_{n\times 1} \tag{3-20}$$

式(3-20)可写为矩阵形式：

$$\boldsymbol{X}(\omega)_{m\times 1}=\tilde{\boldsymbol{H}}(\omega)_{m\times n}\boldsymbol{F}_x(\omega)_{n\times 1} \tag{3-21}$$

对于转子系统的载荷识别过程，动载荷谱向量$\boldsymbol{F}_x(\omega)_{n\times 1}$未知，有可能存在测点数多于平衡面数的情况，此时会产生非方阵，无法直接求逆获得载荷谱。可运用广义逆进行载荷谱计算，最终得到转子系统x方向的动载荷谱向量为

$$
\boldsymbol{F}_x(\omega)_{n\times1}=\begin{cases}\left\{\tilde{\boldsymbol{H}}(\omega)_{m\times n}\right\}^{-1}\boldsymbol{X}(\omega)_{m\times1}, & n=m\\ \left\{\tilde{\boldsymbol{H}}(\omega)^T\tilde{\boldsymbol{H}}(\omega)_{m\times n}\right\}^{-1}\tilde{\boldsymbol{H}}(\omega)_{m\times n}^{-1}\boldsymbol{X}(\omega)_{m\times1}, & n<m\end{cases} \tag{3-22}
$$

2. 转子系统模态坐标变换

在确定了转子的不平衡激振力与响应和频响函数之间的关系后，需要引入 3.1 节中的模态坐标变换法对转子的频响函数矩阵进行简化。定义转子系统前 N 阶模态 $\boldsymbol{\phi}_r=\left[\phi_{1r},\phi_{2r},\cdots,\phi_{nr}\right]^{\mathrm{T}}$ 所对应的 N 阶固有频率为 $\omega_r\,(r=1,2,\cdots,n)$。选取转子系统的特征平面与测点一一对应，则系统的响应与模态矩阵之间的关系为

$$
\boldsymbol{X}(\omega)_{n\times1}=\boldsymbol{\Phi}_{n\times n}\boldsymbol{X}_{\phi}(\omega)_{n\times1} \tag{3-23}
$$

式中，$\boldsymbol{X}_{\phi}(\omega)_{n\times1}$ 是模态坐标下转子系统 x 方向的动态响应；$\boldsymbol{\Phi}_{n\times n}$ 是系统的模态振型矩阵，可以被扩展为

$$
\boldsymbol{\Phi}_{n\times n}=[\boldsymbol{\phi}_1\ \boldsymbol{\phi}_2\ \cdots\ \boldsymbol{\phi}_n]=\begin{bmatrix}\phi_{11} & \phi_{12} & \cdots & \phi_{1n}\\ \phi_{21} & \phi_{22} & \cdots & \phi_{2n}\\ \vdots & \vdots & & \vdots\\ \phi_{n1} & \phi_{n2} & \cdots & \phi_{nn}\end{bmatrix} \tag{3-24}
$$

通过模态坐标转换法，系统的一般运动方程可转化为解耦的独立运动方程：

$$
\boldsymbol{H}_{x,r}(\omega)_{n\times n}\boldsymbol{\Phi}_{N\times N}^{-1}\boldsymbol{X}_{\phi}(\omega)_{n\times1}=\boldsymbol{F}_{x,\phi}(\omega)_{n\times1} \tag{3-25}
$$

$$
\boldsymbol{H}_{x,r}(\omega)_{n\times n}=-\omega^2\begin{bmatrix}\ddots & & \\ & M_r & \\ & & \ddots\end{bmatrix}+\mathrm{j}\omega\begin{bmatrix}\ddots & & \\ & C_r & \\ & & \ddots\end{bmatrix}+\begin{bmatrix}\ddots & & \\ & K_r & \\ & & \ddots\end{bmatrix} \tag{3-26}
$$

式中，ω 是角频率；M_r、C_r 和 K_r 分别是第 r 阶模态质量、模态阻尼和模态刚度；$\boldsymbol{H}_{x,r}(\omega)_{n\times n}$ 和 $\boldsymbol{F}_{x,\phi}(\omega)_{n\times1}$ 分别是系统的模态频响函数矩阵和模态力向量。

通过模态坐标的反变换，可以得到在频域内，平衡面处的动载荷向量为

$$
\boldsymbol{F}_x(\omega)_{n\times1}=\boldsymbol{\Phi}_{n\times n}^{-\mathrm{T}}\boldsymbol{F}_{\phi}(\omega)_{n\times1} \tag{3-27}
$$

通过对式(3-27)中 $\boldsymbol{F}_x(\omega)_{n\times1}$ 进行傅里叶逆变换，可得到在时域内，转子系统 x 方向的动载荷向量 $\boldsymbol{F}_x(t)_{n\times1}$。

另外，式(3-16)可质量归一化为

$$
\ddot{\boldsymbol{X}}(t)+\boldsymbol{C}'\dot{\boldsymbol{X}}(t)+\boldsymbol{K}'\boldsymbol{X}(t)=\boldsymbol{F}_x'(t) \tag{3-28}
$$

式中，$\boldsymbol{C}'=\boldsymbol{M}^{-1}\boldsymbol{C}$；$\boldsymbol{K}'=\boldsymbol{M}^{-1}\boldsymbol{K}$；$\boldsymbol{F}'(t)=\boldsymbol{M}^{-1}\boldsymbol{F}$。

由于式(3-28)中的激振力向量与通过载荷识别方法得到的动载荷向量一一对应，因此，对于质量归一化的转子系统一般运动方程，结合式(3-23)、式(3-25)和式(3-27)，该转子系统在频域内 x 方向的动载荷向量可被改写为

$$\tilde{\boldsymbol{F}}_x(\omega)_{n\times1}=\tilde{\boldsymbol{\Phi}}_{n\times n}^{-\mathrm{T}}\tilde{\boldsymbol{H}}_{x,r}(\omega)_{n\times n}\tilde{\boldsymbol{\Phi}}_{n\times n}^{-1}\tilde{\boldsymbol{X}}(\omega)_{n\times1} \tag{3-29}$$

式中，$\tilde{\boldsymbol{H}}_{x,r}(\omega)_{n\times n}=-\omega^2\begin{bmatrix}\ddots & & \\ & 1 & \\ & & \ddots\end{bmatrix}+\mathrm{j}\omega\begin{bmatrix}\ddots & & \\ & 2\xi_r\omega_r & \\ & & \ddots\end{bmatrix}+\begin{bmatrix}\ddots & & \\ & \omega_r^2 & \\ & & \ddots\end{bmatrix}$，$\xi_r$ 代表系统的模态阻尼比。

综上所述，基于载荷识别的转子不平衡激振力方法的主要思想：通过转子系统无试重瞬态加速起车得到的测点 x 方向的响应以及通过有限元或试验模态分析得到的系统模态参数，结合式(3-29)，可以识别出与测点对应的平衡面处 x 方向的激振力向量一一对应的动载荷向量。

3.3.2 基于不平衡激振力“特征点”识别转子不平衡参数

对于 3.3.1 小节计算得到的转子平衡面处 x 方向的激振力向量，其表达式为

$$\boldsymbol{F}_x'(t)_{n\times1}=\begin{bmatrix} e_1\sqrt{\dot{\varphi}^4(t)+\ddot{\varphi}^2(t)}\cos\left[\varphi(t)+\varphi_{e,1}+\varphi_x(t)-\delta_x\right] \\ e_2\sqrt{\dot{\varphi}^4(t)+\ddot{\varphi}^2(t)}\cos\left[\varphi(t)+\varphi_{e,2}+\varphi_x(t)-\delta_x\right] \\ \vdots \\ e_i\sqrt{\dot{\varphi}^4(t)+\ddot{\varphi}^2(t)}\cos\left[\varphi(t)+\varphi_{e,i}+\varphi_x(t)-\delta_x\right] \\ \vdots \\ e_n\sqrt{\dot{\varphi}^4(t)+\ddot{\varphi}^2(t)}\cos\left[\varphi(t)+\varphi_{e,n}+\varphi_x(t)-\delta_x\right] \end{bmatrix}_{n\times1} \tag{3-30}$$

式中，$\begin{cases}\delta_x=\dfrac{2\pi}{t_{12}}-\dfrac{1}{2}\alpha t_{12}t_{11}-\dfrac{1}{2}\alpha t_{11}^2 \\ e_i\sqrt{\dot{\varphi}^4(t)+\ddot{\varphi}^2(t)}\cos[\varphi(t)+\varphi_{e,i}+\varphi_x(t)-\delta_x]=F_{x,i}' \\ \varphi_x(t)=\arctan\left[-\dfrac{\ddot{\varphi}(t)}{\dot{\varphi}^2(t)}\right],\quad \varphi_x(t)\in\left(-\dfrac{\pi}{2},0\right)\end{cases}$，$\delta_x$ 为键相信号与 x 轴正方向的夹角，t_{12} 为前两个键相信号所对应时间的差值，t_{11} 为第一个键相信号所对应的时间。

当 y 方向为主方向时，激振力向量 $\boldsymbol{F}_x'(t)_{n\times1}$ 变为 $\boldsymbol{F}_y'(t)_{n\times1}$：

$$
\boldsymbol{F}_y'(t)_{n\times 1}=\begin{bmatrix} e_1\sqrt{\dot{\varphi}^4(t)+\ddot{\varphi}^2(t)}\sin\left[\varphi(t)+\varphi_{e,1}+\varphi_y(t)-\delta_y\right] \\ e_2\sqrt{\dot{\varphi}^4(t)+\ddot{\varphi}^2(t)}\sin\left[\varphi(t)+\varphi_{e,2}+\varphi_y(t)-\delta_y\right] \\ \vdots \\ e_i\sqrt{\dot{\varphi}^4(t)+\ddot{\varphi}^2(t)}\sin\left[\varphi(t)+\varphi_{e,i}+\varphi_y(t)-\delta_y\right] \\ \vdots \\ e_n\sqrt{\dot{\varphi}^4(t)+\ddot{\varphi}^2(t)}\sin\left[\varphi(t)+\varphi_{e,n}+\varphi_y(t)-\delta_y\right] \end{bmatrix}_{n\times 1} \tag{3-31}
$$

式中，各变量与 x 方向为主方向时的各变量相似。

当 N 盘转子的起动角加速度为 α 保持不变时，将第 i 个平衡面处的不平衡激振力零点作为不平衡激振力谱线上的“特征点”，那么每个“特征点”的坐标设为 (t_k, F_k)，则式(3-30)中角度的关系可被表示为

$$
\boldsymbol{F}_x{}'(t)_{n\times 1}=0\rightarrow\varphi(t_k)+\varphi_{e,i}+\varphi_x(t_k)-\delta_x=(2k-1)\pi/2,\quad k=1,2,\cdots,n \tag{3-32}
$$

式中，k 表示不平衡激振力波形的第 k 个“特征点”；$\varphi(t_k)=0.5\alpha t_k^2$。

与波形的第 k 个零点对应的第 i 个平衡面的不平衡方位角为

$$
\varphi_{e,i,k}=(2k-1)\pi/2-\varphi_x(t_k)-\varphi(t_k)+\delta_x \tag{3-33}
$$

则第 i 个平衡面上的不平衡方位角为

$$
\varphi_{e,i}=\frac{1}{s}\sum_{k=1}^{s}\varphi_{e,i,k},\quad k=1,2,\cdots,s \tag{3-34}
$$

也可以选取转子不平衡激振力谱线中的极小值点作为计算转子不平衡方位角的“特征点”，如图 3-4 中三角符号点所示，式(3-32)变为

$$
\varphi(t_k)+\varphi_{e,i}+\varphi_x(t_k)-\delta_x=(2k-1)\pi \tag{3-35}
$$

此时，第 i 个平衡面上的不平衡方位角为

$$
\varphi_{e,i}=\frac{1}{s}\sum_{k=1}^{s}\varphi_{e,i,k},\quad k=1,2,\cdots,s \tag{3-36}
$$

式中，

$$
\varphi_{e,i,k}=(2k-1)\pi-\varphi_x(t_k)-\varphi(t_k)+\delta_x \tag{3-37}
$$

综上，通过对 3.3.1 小节识别的转子不平衡激振力谱线进行深入分析，并引入曲线“特征点”这一概念，便可求得转子系统第 i 个平衡面的不平衡方位角。其中，$\tilde{\varphi}_{e,i}$ 和 $\tilde{\varphi}_{e,i,k}$ 分别表示第 i 个平衡面的不平衡方位角和通过动载荷向量谱线的第 k 个不平衡激振力“特征点”识别的第 i 个平衡点的不平衡方位角。因此，待测转子系统第 i 个平衡面上的不平衡大小可表示为

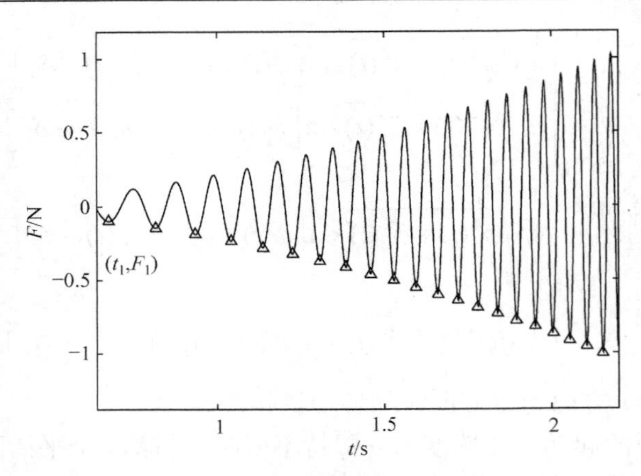

图 3-4 转子不平衡激振力谱线

$$e_i = \frac{\tilde{F}_{x,i}(t)}{\varGamma_{x,i}(t)} \tag{3-38}$$

式中，$\varGamma_{x,i}(t) = \sqrt{\dot{\varphi}^4(t) + \ddot{\varphi}^2(t)}\cos\left[\varphi(t) + \tilde{\varphi}_{e,i} + \varphi_x(t) - \delta_x\right]$。

至此，基于不平衡激振力“特征点”，完成了转子不平衡参数的识别。

综上所述，基于不平衡激振力“特征点”识别转子不平衡参数方法的主要思想：通过式(3-29)识别转子不平衡激振力后，深入分析转子不平衡激振力的构成，提出选择已识别的不平衡激振力“特征点”(零点或极值点)，进行转子不平衡方位角的计算，如式(3-32)和式(3-35)所示。在已识别转子不平衡方位角后，转子不平衡大小可由式(3-38)求得。

3.3.3 无试重瞬态高速动平衡过程

对于变转速瞬态运动的柔性转子系统，测得转子水平或竖直方向的振动响应 $\boldsymbol{X}(t)_{n\times1}$ 或 $\boldsymbol{Y}(t)_{n\times1}$，通过有限元模拟获得系统的极点(固有频率、阻尼)和振型(模态特征向量)，便可求解物理坐标下，频域内的载荷谱 $\tilde{\boldsymbol{F}}_x(\omega)_{n\times1}$ 和 $\tilde{\boldsymbol{F}}_y(\omega)_{n\times1}$。随后，将频域内的载荷谱经傅里叶变换转化到时域内，通过选取不平衡激振力“特征点”的方法完成转子不平衡量的识别过程。下面以三盘转子系统平衡前 3 阶的过程为例来说明该平衡方法：

(1) 以转子水平方向为主方向，起动转子，使其快速通过前 3 阶临界区并记录转子各特征盘 x 方向的振动响应信息 $\boldsymbol{U}_x(\omega)_{3\times1}$。

(2) 通过式(3-29)计算不平衡激振力向量 $\tilde{\boldsymbol{F}}_x(\omega)_{3\times1}$。

(3) 选取 $\tilde{\boldsymbol{F}}_x(\omega)_{3\times1}$ 谱线的“特征点”，并综合各“特征点”所对应的频率与转速信息，通过式(3-32)～式(3-34)和式(3-38)识别转子各特征盘处的不平衡。

(4) 将识别的不平衡反向添加在对应的平衡位置处，完成三盘转子系统的无试重瞬态高速动平衡。

3.3.4　无试重瞬态高速动平衡的参数获取方法

对于工程实践上的转子平衡过程，无试重瞬态高速动平衡方法所需的参数并不能像数值仿真一样直接得到，本节对工程实际中如何获得方法所需的各类必要参数进行详细介绍。

1. 转子系统振动响应的获取

在数值仿真中，转子系统各测点的振动响应可由传递矩阵法或有限元法获得。在试验中，各测点的振动响应需要通过位移传感器直接测量获得，如图 3-5 所示。传感器固定在靠近测点的转子试验台基座上后，需要检查：①传感器是否已固定好；②传感器连线是否已接好；③位移传感器的间隙电压范围应保持在 10.5～11.5V。

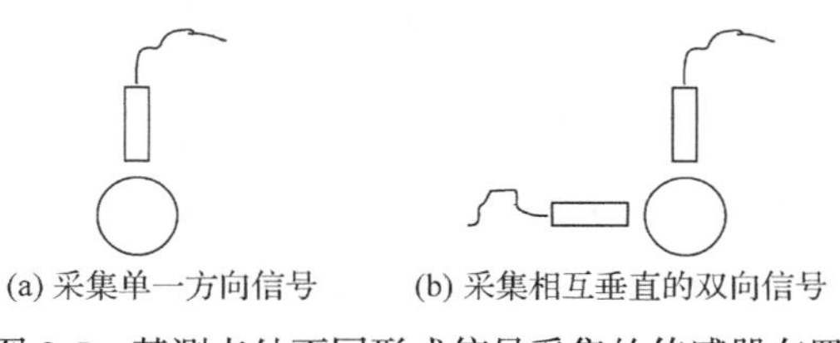

(a) 采集单一方向信号　(b) 采集相互垂直的双向信号

图 3-5　某测点处不同形式信号采集的传感器布置

对于试验中测得的转子振动响应,其中可能包含除主频以外的其他无关频率，这可能是由高频噪声及其他非线性因素的影响，需要对试验中实际测量的转子振动响应进行初步处理，滤除主频以外的其他无关频率。

2. 系统瞬时转速及转子伯德图的获取

在数值仿真中，通过设置恒定的起动角加速度，转子的瞬时转速是时间的函数，此时，转子的伯德(Bode)图则是通过分析每一段时间 dt 内转子瞬态响应的幅值和相位，并整合得到，如图 3-6 所示。

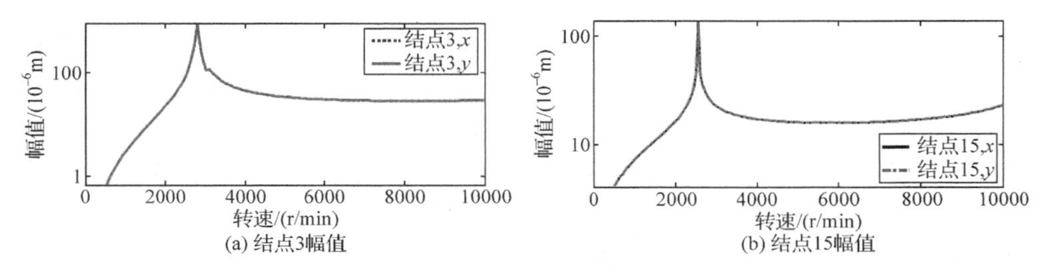

(a) 结点3幅值　(b) 结点15幅值

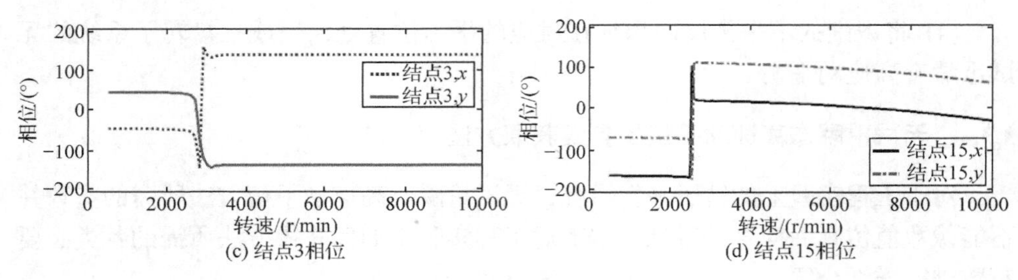

(c) 结点3相位　(d) 结点15相位

图 3-6　某仿真转子的伯德图

在试验中，通过引入键相信号来拟合转子的瞬时转速，在轴上某一特定位置贴一条反光带，与之对应的光电传感器在转子每转过一周时输出一个脉冲信号，随后根据各相邻脉冲信号之间的时间间隔计算转速。对于转子的伯德图而言，不能直接通过分析在试验中每一段时间 dt 内测得转子振动响应的幅值和相位获得。需要对试验中实际测量的转子振动响应进行初步处理，保留转子在主频下的响应而滤除其他的无关频率，再对只包含主频成分的转子瞬态响应进行分析，得到其每一段时间 dt 内的幅值和相位，最终合成转子的伯德图。

3. 转子临界转速及频响函数的获取

在数值仿真中，用传递矩阵法或有限元法建立了转子系统的运动微分方程后，可通过运动微分方程的齐次解，求得当$\Omega=\omega$时转子的临界转速及其模态参数，进而获得转子的频响函数。

在试验中，转子伯德图中幅值的最高点或相位的突变点所对应的转速即为转子的临界转速。当试验中获得的转子临界转速与数值仿真中转子的临界转速误差在 5%以内时，说明仿真模型与试验模型是准确的。

综上，无试重瞬态高速动平衡方法所需的参数均可获得，通过已知参数可计算转子的不平衡激振力，在转子的不平衡激振力中选取零点或极值点等“特征点”，可识别转子的不平衡方位角，进而识别转子的不平衡大小。

3.4　无试重瞬态高速动平衡工程应用实例

任何转子的不平衡，总是通过其不平衡振动响应表现出来的。因此，转子的平衡必然以转子-轴承系统的不平衡振动响应为基础。转子的平衡结果是使转子-轴承系统的不平衡振动响应控制在允许的范围内。对于平衡方法，在工程实际中，其往往需要考虑具体转子模型的结构特点和平衡难点，如动力涡轮转子具有空心、薄壁、大长径比、带弹性支承和挤压油膜阻尼器、内置测扭基准轴、两级动力涡轮盘置于转子一端的结构特点，导致其平衡难点主要体现在以下几个方面：①传动轴上没有预留加试重和平衡配重的位置；②平衡转速高，在高转速下实施平衡操作有一定的风险；③平衡面设置的局限性。同时，还需考虑诸如噪声、非线性等外界因素对转子模型的影响。对于无试重瞬态高速动平衡方法来说，由于不需要添加试重，并且平衡面的设置只需与测点的位置相对应即可，可以大幅度缓解动力涡轮转子平衡困难的问题。因此，本节着重考虑对于工程上转子系统存在的噪声、非线性等外界因素影响时，无试重瞬态高速动平衡方法的应用。

从前文可知，无试重瞬态高速动平衡方法主要由两部分构成：①基于载荷识别的转子不平衡激振力识别方法；②基于不平衡激振力“特征点”识别转子不平衡参数的方法。对于部分①，由于是通过转子的响应进行转子不平衡激振力的识别，工程上转子的不平衡响应会受到高频噪声的影响而使得响应的主要特征不明显。此时，需要滤除其他无关频率而只保留响应的主频。下面以动力涡轮转子模型为例，通过切比雪夫(Chebyshev) Ⅰ型滤波器、巴特沃思(Butterworth)低通滤波器和加窗的方法对瞬态响应进行初步处理，分析各种方法的效果。

1. 切比雪夫Ⅰ型滤波器

给定模拟低通滤波器的技术指标：α_p、Ω_p、α_s、Ω_s。其中，α_p 为通带允许的最大衰减；α_s 为阻带应达到的最小衰减，单位为 dB；Ω_p 为通带上限角频率；Ω_s 为阻带下限角频率。设计一个低通滤波器 $G(s)$ 为

$$G(s)=\frac{d_0+d_1s+\cdots+d_{N-1}s^{N-1}+d_Ns^N}{c_0+c_1s+\cdots+c_{N-1}s^{N-1}+c_Ns^N} \tag{3-39}$$

使其对数幅频响应 $10\lg|G(\mathrm{j}\Omega)|^2$ 在 Ω_p、Ω_s 处分别达到 α_p、α_s 的要求。

α_p、α_s 都是 Ω 的函数，它们的大小取决于 $|G(\mathrm{j}\Omega)|^2$，为此，定义一个衰减函数 $\alpha(\Omega)$，即

$$\alpha(\Omega)=-10\lg\left|G(\mathrm{j}\Omega)\right|^2=10\lg\frac{1}{\left|G(\mathrm{j}\Omega)\right|^2} \tag{3-40}$$

或

$$\left|G(\mathrm{j}\Omega)\right|^2=10^{-\alpha(\Omega)/10} \tag{3-41}$$

显然，

$$\alpha_\mathrm{p}=\alpha(\Omega_\mathrm{p})=-10\lg\left|G(\mathrm{j}\Omega_\mathrm{p})\right|^2,\alpha_\mathrm{s}=\alpha(\Omega_\mathrm{s})=-10\lg\left|G(\mathrm{j}\Omega_\mathrm{s})\right|^2 \tag{3-42}$$

这样，式(3-40)把低通模拟滤波器的四个技术指标和滤波器的幅值平方特性联系了起来。

切比雪夫Ⅰ型模拟低通滤波器的幅频特性为

$$\left|G(\mathrm{j}\Omega)\right|^2 = \frac{1}{1+\varepsilon^2 C_n^2(\Omega)} \tag{3-43}$$

式中，$C_n(\Omega)$是Ω的切比雪夫多项式，定义为

$$C_n(\Omega) = \cos(n\arccos\Omega), \quad |\Omega| \leqslant 1 \tag{3-44}$$

将切比雪夫多项式用于滤波器设计，式(3-44)的自变量应归一化为频率λ，这样，$C_n(\lambda) = \cos(n\arccos\lambda)$。当$\Omega \leqslant \Omega_{\mathrm{p}}$，即$\lambda \leqslant \lambda_{\mathrm{p}} = 1$时，保证了切比雪夫多项式自变量的取值要求。

当$\Omega > \Omega_{\mathrm{p}}$，且$\lambda > \lambda_{\mathrm{p}} = 1$时，切比雪夫多项式不能按照式(3-44)来定义，为此，定义：

$$C_n(\lambda) = \cosh(n\mathrm{arcosh}\lambda), \quad \lambda > 1 \tag{3-45}$$

仍有

$$\varphi = \mathrm{arcosh}(\lambda), \quad \lambda > 1 \text{且} \cosh\varphi = (e^{\varphi} + e^{-\varphi})/2 \tag{3-46}$$

通过传感器测得动力涡轮转子原始瞬态响应，并进行傅里叶变换得到频域内转子的瞬态响应，如图3-7所示。由图3-7(b)的频域瞬态响应可知，在1500～5000Hz频段，动力涡轮转子某测点的瞬态响应受到了其他高频信号的影响，是导致其瞬态响应特征不明显的主要原因，这种高频信号的影响很可能导致方法失败。通过切比雪夫Ⅰ型滤波后，可得到动力涡轮转子某测点瞬态响应如图3-8所示。从图3-8(b)中可以看出，瞬态响应中去除了其他高频信号的影响，而只保留了基频信号。将图3-8(b)中频域内的瞬态响应进行傅里叶逆变换，得到滤波后的瞬态响应如图3-8(a)所示，与原始瞬态响应相比，很好地保留了瞬态响应特性。随后，用切比雪夫Ⅰ型滤波对图3-7(c)的瞬态动挠度进行滤波分析，如图3-8(c)所示，经过滤波后的瞬态动挠度很好地保留了原始瞬态动挠度的特性。上述分析表明，切比雪夫Ⅰ型滤

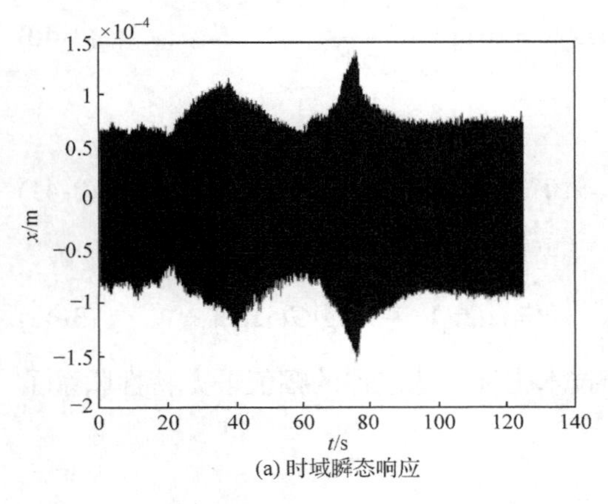

(a) 时域瞬态响应

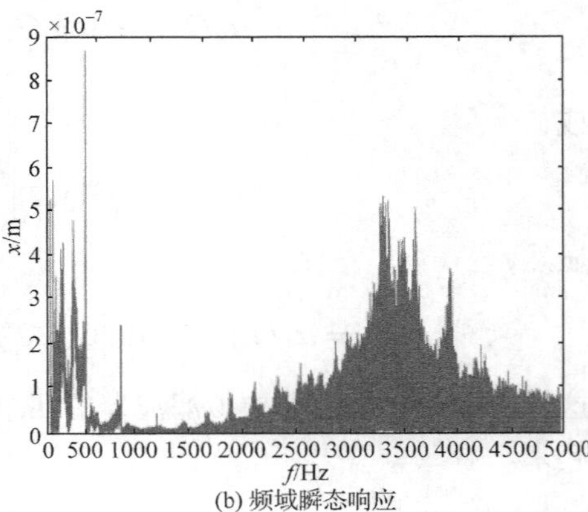

(b) 频域瞬态响应

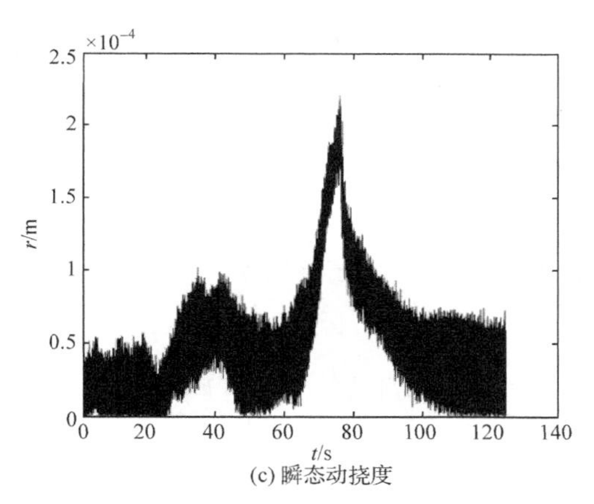

(c) 瞬态动挠度

图 3-7　动力涡轮转子某测点瞬态响应

波器不仅能够有效去除转子瞬态响应中所包含的其他高频信号，很好地保持原始瞬态响应特性，同时，对动力涡轮转子某测点瞬态动挠度的滤波效果也表现良好。

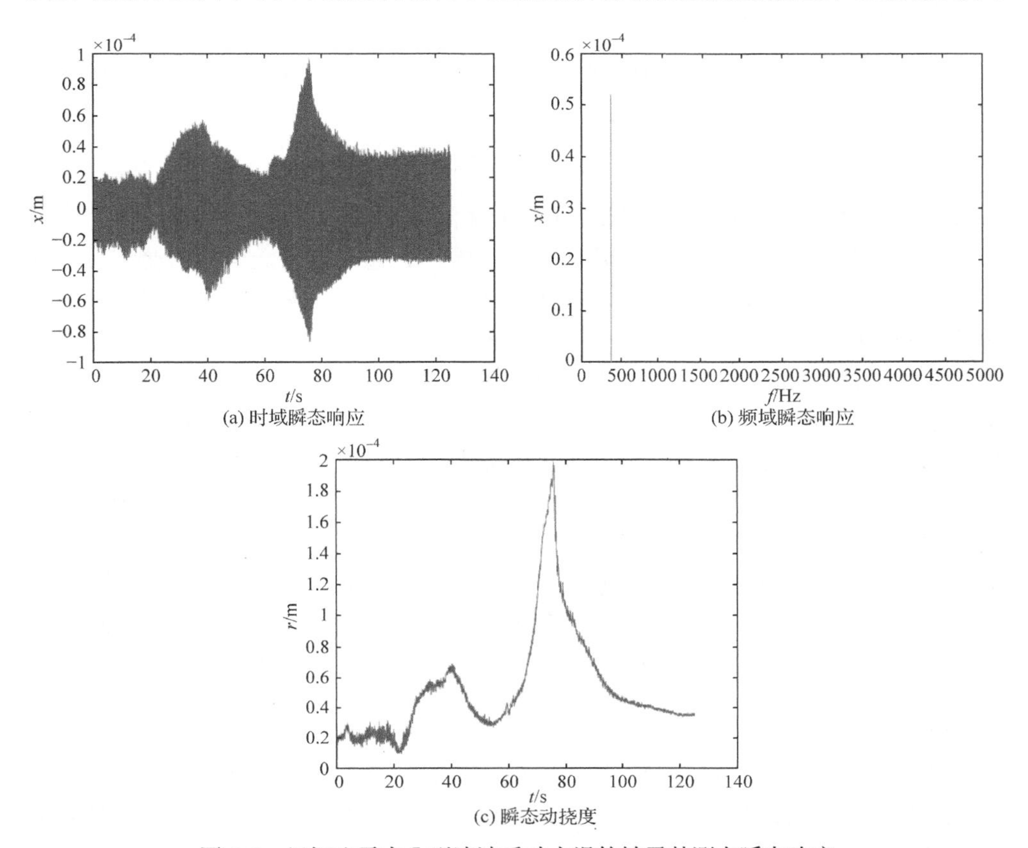

(c) 瞬态动挠度

图 3-8　经切比雪夫 I 型滤波后动力涡轮转子某测点瞬态响应

2. 巴特沃思低通滤波器

巴特沃思低通滤波器的幅频特性为

$$\left|G(\mathrm{j}\Omega)\right|^2=\frac{1}{1+C^2(\Omega^2)^N} \tag{3-47}$$

式中，C 为待定常数；N 为待定的滤波器阶次。对式(3-47)进行归一化幅值平方特性变换，可以得到：

$$\left|G(\mathrm{j}\lambda)\right|^2=\frac{1}{1+C^2\lambda^{2N}} \tag{3-48}$$

同时，

$$\begin{cases}\alpha(\lambda)=10\lg(1+C^2\lambda^{2N})\\ C^2\lambda^{2N}=10^{\alpha(\lambda)/10}-1\end{cases} \tag{3-49}$$

当 $\lambda_{\mathrm{p}}=1$时，$C^2=10^{\alpha_{\mathrm{p}}/10}-1$，$N=\lg\sqrt{\dfrac{10^{\alpha_{\mathrm{s}}/10}-1}{10^{\alpha_{\mathrm{p}}/10}-1}}\Big/\lg\lambda_{\mathrm{s}}$。

若令 $\alpha_{\mathrm{p}}=3\mathrm{dB}$，$C=1$，巴特沃思滤波器的设计就只剩下一个参数 N，这时：

$$\left|G(\mathrm{j}\Omega)\right|^2=\frac{1}{1+\lambda^{2N}}=\frac{1}{1+(\Omega/\Omega_{\mathrm{p}})^{2N}} \tag{3-50}$$

由式(3-50)就可以得到所设计的巴特沃思低通滤波器 $G(s)$。

仍采用图 3-7 所示的动力涡轮转子瞬态响应，通过巴特沃思低通滤波后，可得到动力涡轮转子某测点瞬态响应如图 3-9 所示。此时的瞬态响应去除了其他高频信号的影响，而只保留了基频信号。将图 3-9(b)中频域内的瞬态响应进行傅里叶逆变换，得到低通滤波后的瞬态响应如图 3-9(a)所示，滤波后的瞬态响应虽然很好地保留了原始瞬态响应特性，但是对同一时间段的幅值进行对比，发现滤波后的瞬态响应相比原始瞬态响应有很大的差距，且瞬态响应并不十分平滑，表明巴特沃思低通滤波对原始瞬态响应的滤波效果不理想。随后，对图 3-7(c)的瞬态动挠度进行滤波分析，以验证其对瞬态动挠度滤波的有效性，低通滤波后的瞬态动挠度如图 3-9(c)所示。经过低通滤波后的瞬态动挠度很好地保留了原始瞬态动挠度的特性。上述分析表明，巴特沃思低通滤波器虽然不能有效去除转子瞬态响应中所包含的其他高频信号，但对某测点瞬态动挠度进行滤波时却表现良好。

3. 加窗

数字信号分析是对有限时间长度 T 的离散时间序列进行离散傅里叶运算，这意味着首先要对时域信号进行截断。这种截断将导致频率分析出现误差，其效果是使得本来集中于某一频率的功率(或能量)，部分被分散到该频率临近的频域，这

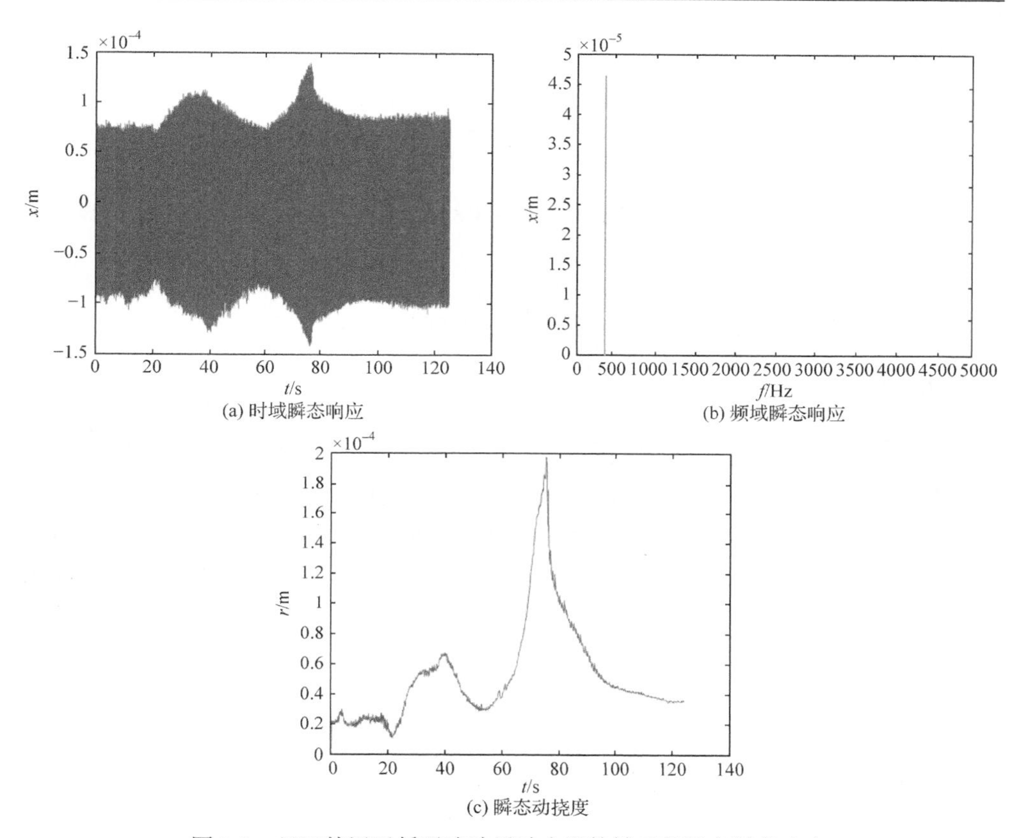

(a) 时域瞬态响应

(b) 频域瞬态响应

(c) 瞬态动挠度

图 3-9　经巴特沃思低通滤波后动力涡轮转子某测点瞬态响应

种现象称为“泄漏”效应。为了抑制“泄漏”，需采用窗函数来替代矩形窗函数。这一过程，称为窗处理或者加窗。加窗的目的是使在时域上截断信号两端的波形由突变变为平滑，在频域上尽量压低旁瓣的高度。在一般情况下，压低旁瓣通常伴随着主瓣的变宽，但是旁瓣的泄漏是主要考虑因素，然后才考虑主瓣变宽的泄漏问题。

在数字信号处理中常用的窗函数有以下几种：矩形(rectangular)窗、汉宁(Hanning)窗、汉明(Hamming)窗、布莱克曼(Blackman)窗、凯塞-贝塞尔(Kaiser-Bessel)窗和平顶(flattop)窗。下面基于上述加窗方法对动力涡轮转子某测点的瞬态动挠度进行初步处理，常见的窗函数如下。

(1) 矩形窗：

$$w(t)=1,\quad 0\leqslant t\leqslant T$$

(2) 汉宁窗：

$$w(t)=1-\cos\frac{2\pi}{T}t,\quad 0\leqslant t\leqslant T$$

(3) 汉明窗：

$$w(t)=0.54-0.46\cos\frac{2\pi}{T}t,\quad 0\leqslant t\leqslant T$$

(4) 布莱克曼窗：

$$w(t)=0.42-0.5\cos\frac{2\pi}{T}t+0.08\cos\frac{4\pi}{T}t,\quad 0\leqslant t\leqslant T$$

(5) 凯塞-贝塞尔窗：

$$w(t)=1-1.24\cos\frac{2\pi}{T}t+0.244\frac{4\pi}{T}t-0.00305\cos\frac{6\pi}{T}t,\quad 0\leqslant t\leqslant T$$

(6) 平顶窗：

$$w(t)=1-1.93\cos\frac{2\pi}{T}t+1.92\frac{4\pi}{T}t-0.388\cos\frac{6\pi}{T}t+0.0322\cos\frac{8\pi}{T}t,\quad 0\leqslant t\leqslant T$$

为保持加窗后的信号能量不变，要求窗函数曲线与时间坐标轴所包围的面积相等。

选取汉宁窗、汉明窗和布莱克曼窗对图 3-7(c)所示的瞬态动挠度进行加窗处理，如图 3-10 所示。可以看出，经过加窗后动力涡轮转子某测点的瞬态动挠度很

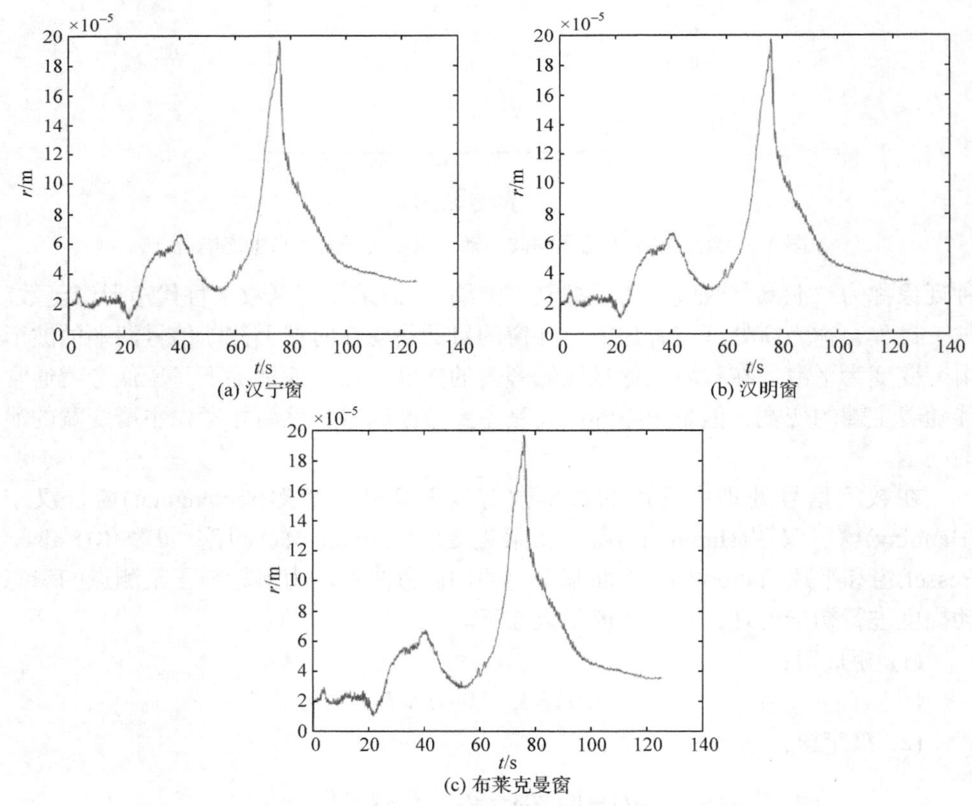

图 3-10　加窗后动力涡轮转子某测点瞬态动挠度

好地保留了原始瞬态动挠度的特性。对比图 3-7(c)和图 3-10 可知，原始瞬态动挠度分别经过三种加窗处理后的最值相同。同时，经三种加窗处理后的瞬态动挠度差别不大，侧面表明了三种加窗方法的有效性。

在工程实际中，转子的瞬态响应信息易受到高频噪声、非线性等客观因素的影响，使得其特性不能够彰显出来。基于上述原因，本章对所提出的无试重瞬态高速动平衡方法在工程上易出现的情况，即转子的振动响应受到其他无关高频信号的影响而失去其主要特征时，为保证通过滤波后的转子响应进行不平衡激振力计算的精度，应对转子的响应进行滤波，使得瞬态响应能继续保持其基频特性。

3.5　无试重瞬态高速动平衡的优点

传统的转子平衡方法，都是借助转子在特定转速下的稳态响应，通过多次添加试重起车来确定平衡校正量。现场平衡时，该方法费时又费力，对大型转子尤为突出。针对上述问题，研究一种起车次数少、无需试重，并能够平衡任意阶次临界转速的瞬态动平衡方法具有重要意义，但到现在为止，尚未出现成熟可行的方法。本书所提出的无试重瞬态高速动平衡方法与传统的模态平衡法和影响系数法相比，其优越性主要体现在以下几个方面：①不需添加任何试重；②基于恒定角加速度起车的瞬态平衡；③起车次数少；④不需要专用的平衡设备。

1. 不需添加任何试重

不需添加任何试重是无试重瞬态高速动平衡方法最显著的特征，也是相比于模态平衡法和影响系数法的优势所在。例如，单平面影响系数法需要一次加试重起车，双平面影响系数法需要两次不同方向的加试重起车。现代航空涡轮轴发动机多为中小型发动机，鉴于其转速高、径向间隙小的特点，要求转子的动挠度小、径向间隙变化小，这就给转子的设计带来困难。不需要添加任何试重，则不必在转子上特别设置加试重平面，能够避免如动力涡轮转子的传动轴上没有预留加试重和平衡配重的位置而引发的加试/配重的难题，并且能够节省空间，为转子的设计提供方便。同时，不需要添加任何试重，可避免由于试重平面的设置不当而引发的应力集中问题，对转子系统本身也是一种保护。

2. 基于恒定角加速度起车的瞬态平衡

相比于模态平衡法和影响系数法，基于恒定角加速度起车的瞬态平衡是无试重瞬态高速动平衡方法的另一主要优势。由模态平衡法和影响系数法的基本原理可知，这两种方法都是基于恒定转速下的稳态响应进行转子的平衡。在新一代发动机高转速的背景下，模态平衡法和影响系数法对于这类转子的平衡则显示出其方法本身的缺点。例如，动力涡轮转子的平衡转速高，在高转速下实施平衡操作本身就具有一定的风险，而上述两种平衡方法在平衡临界转速时，都需要转子在临界转速附近长时间停留，这对转子系统本身是极为不利的。无试重瞬态高速动平衡方法能有效弥补模态平衡法和影响系数法的不足，该方法只需要转子系统以恒定角加速度瞬态起车，不需要转子在高转速下长时间停留，其本身对转子系统的瞬时振幅有一个宏观的把控，杜绝了高转速下实施平衡操作的风险性。由于瞬态平衡是一次起车测量所有转速下的振动响应，因此无试重瞬态高速动平衡方法的另一个优点是可以实现转子系统任意转速范围内的平衡。

3. 起车次数少

起车次数少是无试重瞬态高速动平衡方法的又一显著特征。在模态平衡法和影响系数法的工程实践中，平衡是一个间断和反复调整的过程，必须经过多次加试重起车才能精确计算转子的不平衡量，从而达到满足工程需要的平衡效果或平衡精度。但多次加试重起车必然会对转子系统造成一定程度的破坏。首先，机器的热不平衡状态是随着工况的改变而改变的，多次起车可能使得转子在空载和满负的情况下不能达到良好的平衡状态。其次，大型旋转机械每次起动的状态都不一样，并且需考虑仪器仪表的测量误差，这使得平衡校正难以达到精确水平。多次起车还会使得转子本身的不平衡发生改变，可能会对后续平衡效果产生不良影响。最后，转子长时间高速运转易使得转子系统内部发生改变，如不均匀磨损造成转子分布不均匀和疲劳损伤等，缩短转子寿命；连接松动可能导致转子突然失衡，造成机器损坏；温度过高会影响转子的材料性能；轴承负荷过大会缩短转子寿命等。因此，无试重瞬态高速动平衡方法只需一次加速瞬态起车就可以进行不平衡的识别，可以有效地避免上述问题。以影响系数法为例，转子单平面平衡时至少需要两次起车才能进行不平衡量的计算，双平面平衡则至少需要三次起车。

4. 不需要专用的平衡设备

转子平衡方法，如自动平衡方法，是以平衡装置和平衡方法相结合的方式。平衡装置的作用就是在不停机的情况下在线改变转子某些特定位置的质量分布，以抵消转子的不平衡量，减弱因不平衡产生的振动。但现有的平衡装置结构复杂，应用范围小，成本过高，性价比低。无试重瞬态高速动平衡方法操作简单，不受场地等限制，不需要专门的平衡设备和仪器，大幅度降低了平衡耗时和平衡费用。

无试重瞬态高速动平衡方法是一种新型转子动平衡方法。本章相继论述了无试重瞬态高速动平衡方法中需要用到的动载荷识别、模态坐标变换等一系列基本理论。针对多自由度复杂转子模型，阐述了基于瞬态响应信息的航空发动机无试重瞬态高速动平衡方法。无试重瞬态高速动平衡方法起车次数少、无需添加任何试重，对于平衡平面的设置没有特殊的要求，与现有的动平衡方法相比，操作简便，不需要在恒定转速下长时间停留，并且不需要专门的平衡设备和仪器。此法是对传统航空发动机转子设计理念的突破，转子动平衡方式方法的革新，可全面提高平衡效率。

第 4 章　无试重瞬态高速动平衡仿真研究

本章采用数值方法分别建立实验室单盘居中转子、单盘悬臂转子和双盘对称转子的仿真模型，随后，基于无试重瞬态高速动平衡方法，完成三种转子的平衡仿真研究。此外，针对不同结构参数的转子模型，进行无试重瞬态高速动平衡方法的适应性分析，数值仿真验证了无试重瞬态高速动平衡方法的有效性。

4.1　单盘居中转子的无试重瞬态高速动平衡

建立如图 4-1 所示的单盘居中转子有限元模型，表 4-1 为该转子的结构参数。利用无试重瞬态高速动平衡方法完成单盘居中转子不平衡量的识别。单盘居中转子瞬态响应如图 4-2 所示。

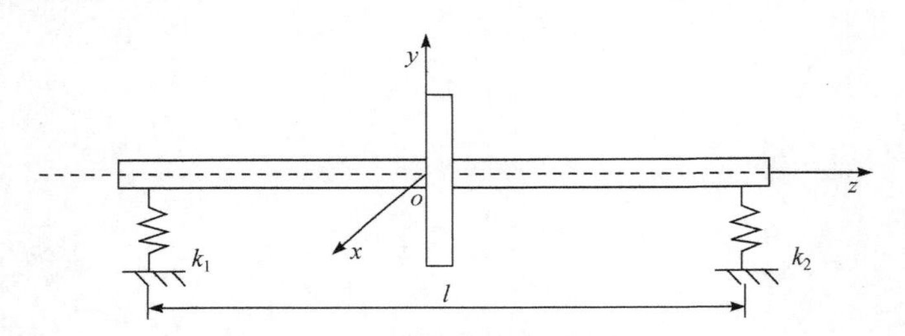

图 4-1　单盘居中转子有限元模型

表 4-1　单盘居中转子的结构参数

参数	取值
公共参数	材料密度：$\rho = 7.8 \times 10^3 \text{kg/m}^3$；弹性模量：$E = 2.1 \times 10^{11} \text{Pa}$
轴参数	长度：$l = 560\text{mm}$；直径：$d = 10\text{mm}$
盘参数	直径：$D = 75\text{mm}$；质量：$m = 500\text{g}$； 不平衡偏心：$e = 6 \times 10^{-5}\text{m}\angle 135°$
支承参数	$k_{1x} = k_{1y} = 5.5 \times 10^5 \text{N/m}$；$k_{2x} = k_{2y} = 5.5 \times 10^5 \text{N/m}$

通过载荷识别方法计算得到单盘居中转子系统 x 方向的不平衡激振力，并选取激振力中临界转速前某时间段内的动载荷响应，如图 4-3 所示。在图 4-3 中每

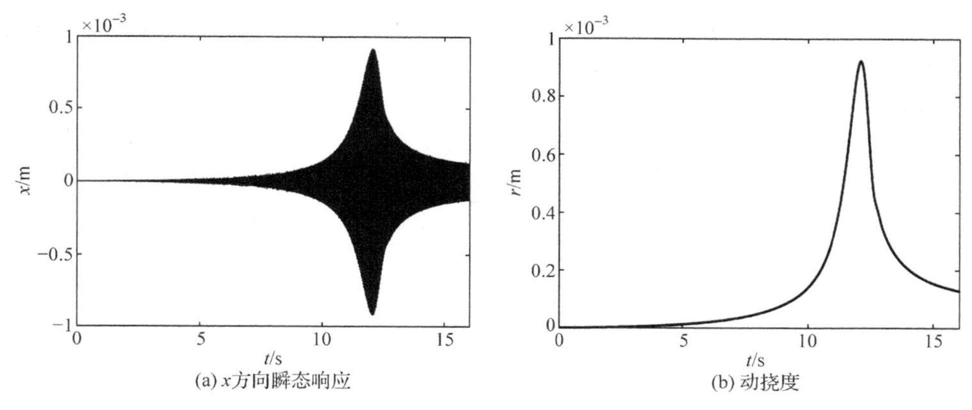

图 4-2　单盘居中转子瞬态响应

一个波动的极小值处取值(图中三角形标注的点处)，结合不平衡量的识别方法，得到该转子系统的不平衡方位角识别结果如图 4-4 所示，其均值为 2.31rad，并得到该转子系统的不平衡大小为 6.28×10^{-5}m。

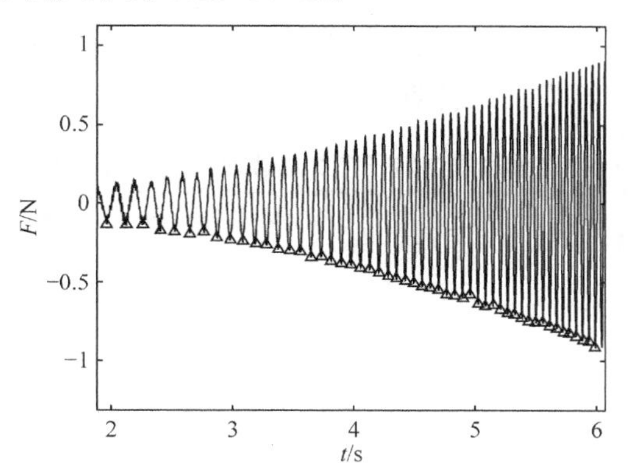

图 4-3　单盘居中转子提取的动载荷响应

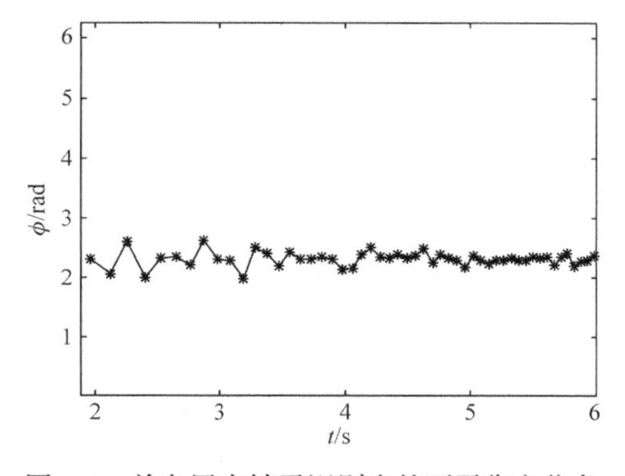

图 4-4　单盘居中转子识别出的不平衡方位角

利用计算出的不平衡量对转子进行平衡，得出单盘居中转子平衡前后的动挠度如图 4-5 所示。平衡前和平衡后转子的动挠度峰值分别为 9.23×10^{-4}m 和 5.99×10^{-5}m，下降幅度达 93.51%。

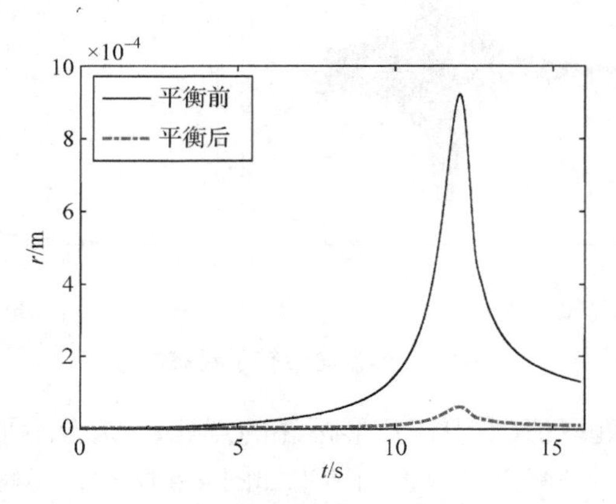

图 4-5　单盘居中转子平衡前后的动挠度

保持表 4-1 中其他参数不变，改变转子系统起动角加速度 α，通过无试重瞬态高速动平衡方法计算得到的仿真平衡结果如表 4-2 所示。

表 4-2　单盘居中转子角加速度改变的仿真平衡结果

角加速度/(rad/s²)	初始不平衡偏心	不平衡偏心识别	平衡前动挠度峰值/(10^{-4}m)	平衡后动挠度峰值/(10^{-4}m)	振幅峰值降低/%
α=20	6×10^{-5}m∠135°	6.28×10^{-5}m∠132.52°	9.23	0.599	93.51
α=40	6×10^{-5}m∠135°	6.45×10^{-5}m∠132.38°	8.90	0.796	91.06
α=60	6×10^{-5}m∠135°	6.61×10^{-5}m∠132.63°	8.60	0.949	88.97
α=80	6×10^{-5}m∠135°	6.76×10^{-5}m∠131.80°	8.34	1.170	85.97
α=100	6×10^{-5}m∠135°	6.94×10^{-5}m∠130.81°	8.11	1.420	82.49
α=120	6×10^{-5}m∠135°	7.00×10^{-5}m∠131.99°	7.90	1.390	82.41

保持表 4-1 中其他参数不变，改变转子不平衡方位角，通过无试重瞬态高速动平衡方法计算得到的仿真平衡结果如表 4-3 所示。

表 4-3　单盘居中转子不平衡方位角改变的仿真平衡结果

初始不平衡偏心	不平衡偏心识别	平衡前动挠度峰值/(10^{-4}m)	平衡后动挠度峰值/(10^{-5}m)	振幅峰值降低/%
6×10^{-5}m∠45°	6.27×10^{-5}m∠43.08°	9.23	5.18	94.39
6×10^{-5}m∠90°	6.28×10^{-5}m∠87.13°	9.23	6.40	93.07

续表

初始不平衡偏心	不平衡偏心识别	平衡前动挠度峰值/(10^{-4}m)	平衡后动挠度峰值/(10^{-5}m)	振幅峰值降低/%
6×10^{-5}m∠180°	6.30×10^{-5}m∠176.22°	9.23	7.73	91.63
6×10^{-5}m∠225°	6.28×10^{-5}m∠221.84°	9.23	6.77	92.67
6×10^{-5}m∠270°	6.27×10^{-5}m∠268.15°	9.23	5.12	94.45
6×10^{-5}m∠315°	6.28×10^{-5}m∠313.50°	9.23	4.99	94.59
6×10^{-5}m∠360°	6.27×10^{-5}m∠357.79°	9.23	5.57	93.97

保持表 4-1 中其他参数不变，改变转子不平衡偏心距，通过无试重瞬态高速动平衡方法计算得到的仿真平衡结果如表 4-4 所示。

表 4-4　单盘居中转子不平衡偏心距改变的仿真平衡结果

初始不平衡偏心	不平衡偏心识别	平衡前动挠度峰值/(10^{-4}m)	平衡后动挠度峰值/(10^{-5}m)	振幅峰值降低/%
1×10^{-5}m∠135°	1.10×10^{-5}m∠132.89°	1.54	1.64	89.35
3×10^{-5}m∠135°	3.14×10^{-5}m∠133.66°	4.61	2.46	94.66
5×10^{-5}m∠135°	5.23×10^{-5}m∠132.41°	7.69	5.05	93.43
7×10^{-5}m∠135°	7.29×10^{-5}m∠133.39°	10.8	5.43	94.97
9×10^{-5}m∠135°	9.41×10^{-5}m∠132.62°	13.8	8.60	93.77
10×10^{-5}m∠135°	10.4×10^{-5}m∠132.36°	15.4	7.68	95.01

由表 4-2～表 4-4 可得，无试重瞬态高速动平衡方法对单盘居中转子的平衡效果良好，针对不同角加速度，振幅峰值的下降幅度均在 80%以上，针对不同方位角的不平衡量和不同偏心距的不平衡量，振幅峰值的下降幅度大部分在 90%以上；单盘居中转子的平衡效果与角加速度呈负相关，即角加速度越大，平衡效果相对越差，但不同角加速度的平衡效果均能达到 80%以上，说明无试重瞬态高速动平衡方法对不同角加速度均能取得良好的平衡效果。

4.2　单盘悬臂转子的无试重瞬态高速动平衡

建立如图 4-6 所示的单盘悬臂转子有限元模型，表 4-5 为该转子的结构参数。利用无试重瞬态高速动平衡方法完成单盘悬臂转子不平衡量的识别。单盘悬臂转子瞬态响应如图 4-7 所示。

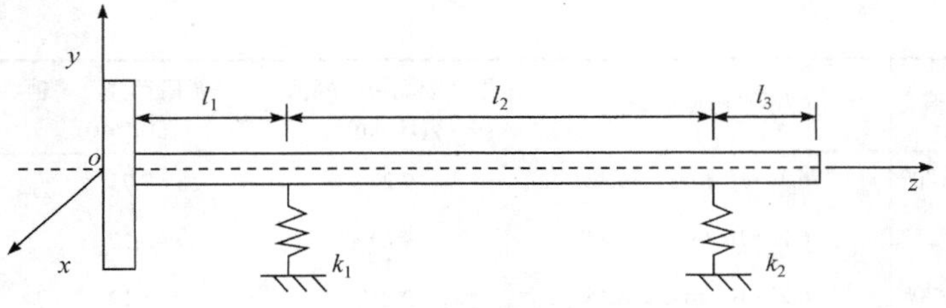

图 4-6　单盘悬臂转子有限元模型

表 4-5　单盘悬臂转子的结构参数

参数	取值
公共参数	材料密度：$\rho = 7.8 \times 10^3 \text{kg/m}^3$；弹性模量：$E = 2.1 \times 10^{11}\text{Pa}$
轴参数	长度：$l_1 = 120\text{mm}$，$l_2 = 345\text{mm}$，$l_3 = 80\text{mm}$；直径：$d = 10\text{mm}$
盘参数	直径：$D = 75\text{mm}$；质量：$m = 500\text{g}$； 不平衡偏心：$e = 6 \times 10^{-5}\text{m}\angle 135°$
支承参数	$k_{1x} = k_{1y} = 1 \times 10^6\text{N/m}$；$k_{2x} = k_{2y} = 1 \times 10^8\text{N/m}$

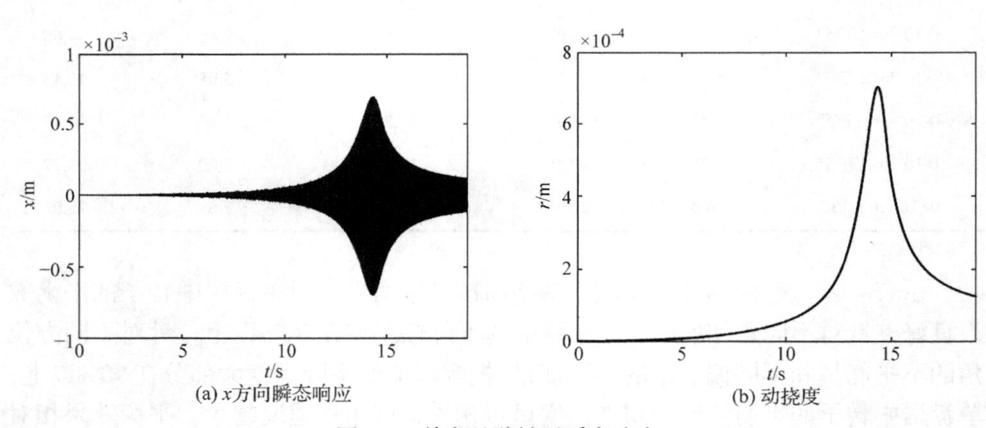

(a) x方向瞬态响应　　(b) 动挠度

图 4-7　单盘悬臂转子瞬态响应

通过载荷识别方法计算得到单盘悬臂转子系统 x 方向的不平衡激振力，并选取激振力中临界转速前某时间段内的动载荷响应，如图 4-8 所示，识别出的不平衡方位角识别结果如图 4-9 所示，其均值为 2.30rad，识别出的不平衡大小为 5.84×10^{-5}m。

利用识别出的不平衡量对转子进行平衡，得出平衡前后的动挠度如图 4-10 所示。平衡前后转子的动挠度峰值分别为 7.04×10^{-4}m 和 4.10×10^{-5}m，下降幅度达 94.18%。

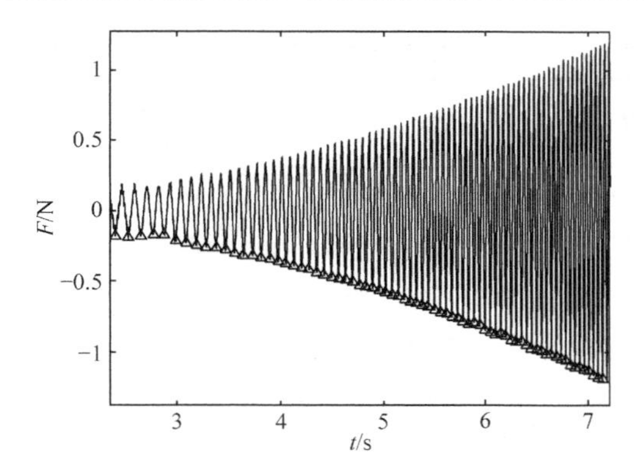

图 4-8　单盘悬臂转子提取的动载荷响应

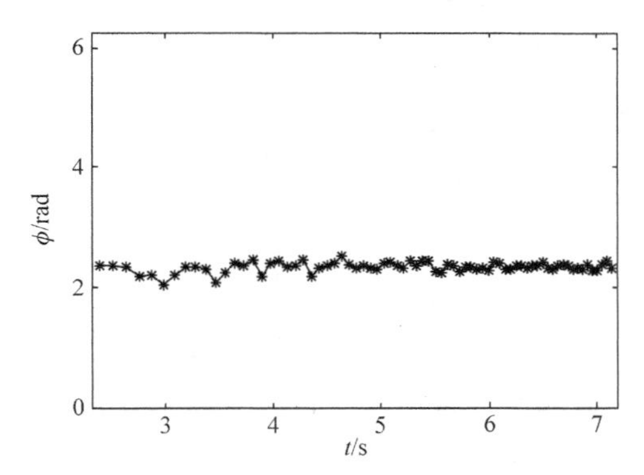

图 4-9　单盘悬臂转子识别出的不平衡方位角

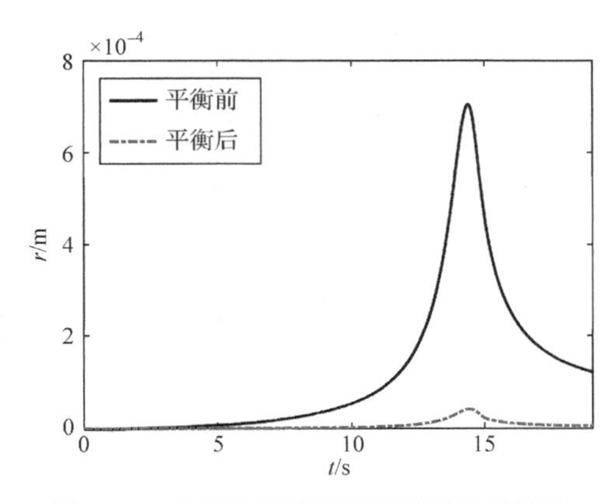

图 4-10　单盘悬臂转子平衡前后的动挠度

保持表 4-5 中其他参数不变，改变转子系统起动角加速度 α，无试重瞬态高速动平衡方法的仿真平衡结果见表 4-6。

表 4-6　单盘悬臂转子角加速度改变的仿真平衡结果

角加速度 /(rad/s²)	初始不平衡偏心	不平衡偏心识别	平衡前动挠度峰值 /(10^{-4}m)	平衡后动挠度峰值 /(10^{-5}m)	振幅峰值降低/%
α=20	6×10^{-5}m∠135°	5.84×10^{-5}m∠132.02°	7.04	4.10	94.18
α=40	6×10^{-5}m∠135°	5.97×10^{-5}m∠132.02°	6.96	3.63	94.78
α=60	6×10^{-5}m∠135°	6.09×10^{-5}m∠131.43°	6.87	4.44	93.54
α=100	6×10^{-5}m∠135°	6.27×10^{-5}m∠131.62°	6.68	5.02	92.49
α=120	6×10^{-5}m∠135°	6.35×10^{-5}m∠132.64°	6.59	4.01	93.92

保持表 4-5 中其他参数不变，改变转子不平衡方位角，无试重瞬态高速动平衡方法的仿真平衡结果见表 4-7。

表 4-7　单盘悬臂转子不平衡方位角改变的仿真平衡结果

初始不平衡偏心	不平衡偏心识别	平衡前动挠度峰值 /(10^{-4}m)	平衡后动挠度峰值 /(10^{-5}m)	振幅峰值降低/%
6×10^{-5}m∠45°	5.84×10^{-5}m∠42.73°	7.04	3.37	95.21
6×10^{-5}m∠90°	5.83×10^{-5}m∠87.86°	7.03	3.30	95.31
6×10^{-5}m∠135°	5.84×10^{-5}m∠132.02°	7.04	4.10	94.18
6×10^{-5}m∠180°	5.83×10^{-5}m∠176.91°	7.03	4.25	93.95
6×10^{-5}m∠225°	5.84×10^{-5}m∠223.21°	7.04	2.90	95.88
6×10^{-5}m∠270°	5.83×10^{-5}m∠267.80°	7.03	3.37	95.21
6×10^{-5}m∠315°	5.84×10^{-5}m∠313.65°	7.04	2.53	96.41
6×10^{-5}m∠360°	5.82×10^{-5}m∠357.95°	7.03	3.25	95.38

保持表 4-5 中其他参数不变，改变转子不平衡偏心距，无试重瞬态高速动平衡方法的仿真平衡结果见表 4-8。

表 4-8　单盘悬臂转子不平衡偏心距改变的仿真平衡结果

初始不平衡偏心	不平衡偏心识别	平衡前动挠度峰值 /(10^{-4}m)	平衡后动挠度峰值 /(10^{-5}m)	振幅峰值降低/%
1×10^{-5}m∠135°	1.00×10^{-5}m∠133.53°	1.17	0.32	97.30
3×10^{-5}m∠135°	2.93×10^{-5}m∠131.90°	3.52	2.05	94.18
5×10^{-5}m∠135°	4.86×10^{-5}m∠133.04°	5.86	2.60	95.56
7×10^{-5}m∠135°	6.81×10^{-5}m∠133.41°	8.21	3.17	96.14
9×10^{-5}m∠135°	8.73×10^{-5}m∠132.27°	10.60	5.86	94.47
10×10^{-5}m∠135°	9.73×10^{-5}m∠132.24°	11.70	6.43	94.50

由表 4-6～表 4-8 可得，无试重瞬态高速动平衡方法对单盘悬臂转子的平衡效果良好，针对不同角加速度、不同方位角的不平衡量和不同偏心距的不平衡量，振幅峰值的下降幅度均在 90%以上。

4.3　双盘对称转子的无试重瞬态高速动平衡

建立如图 4-11 所示的双盘对称转子有限元模型，表 4-9 为该转子的结构参数。利用无试重瞬态高速动平衡方法完成双盘对称转子不平衡量的识别并进行平衡。双盘对称转子瞬态响应如图 4-12 所示。

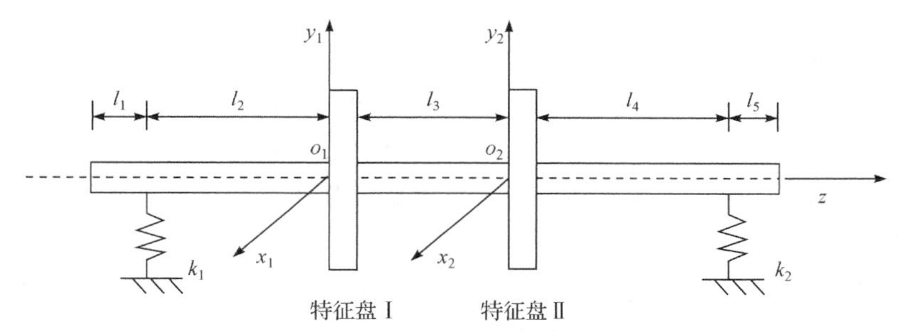

图 4-11　双盘对称转子有限元模型

表 4-9　双盘对称转子的结构参数

参数	取值
公共参数	材料密度：$\rho=7.8\times10^3\text{kg/m}^3$；弹性模量：$E=2.1\times10^{11}\text{Pa}$
轴参数	长度：$l_1=l_5=50\text{mm}$，$l_2=l_4=150\text{mm}$，$l_3=130\text{mm}$；直径：$d=10\text{mm}$
盘参数	直径：$D_1=D_2=75\text{mm}$；质量：$m_{\text{I}}=m_{\text{II}}=500\text{g}$； 不平衡偏心：$e_{\text{I}}=6\times10^{-5}\text{m}\angle135°$，$e_{\text{II}}=9\times10^{-5}\text{m}\angle45°$
支承参数	$k_{1x}=k_{1y}=7.0\times10^5\text{N/m}$；$k_{2x}=k_{2y}=5.5\times10^5\text{N/m}$

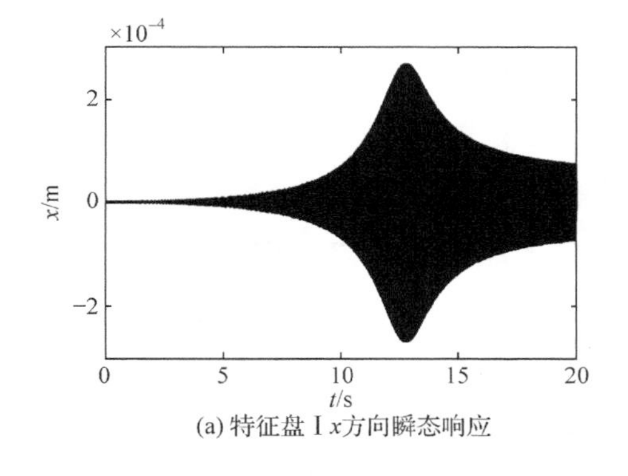

(a) 特征盘 I x方向瞬态响应

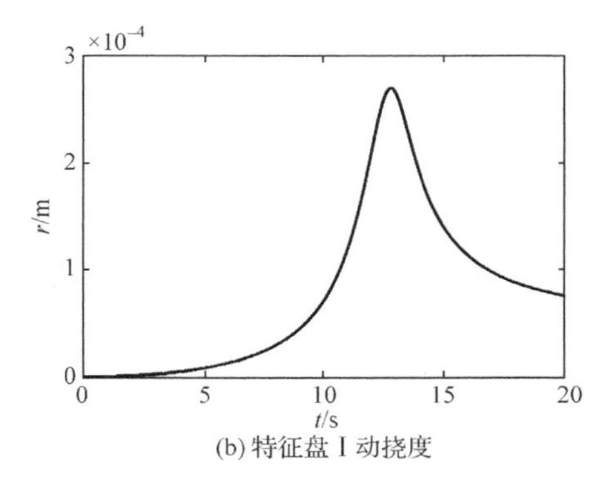

(b) 特征盘 I 动挠度

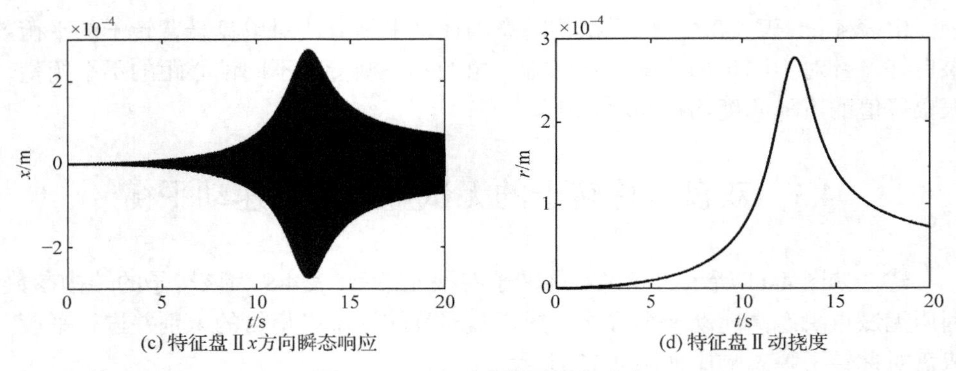

(c) 特征盘Ⅱx方向瞬态响应　　(d) 特征盘Ⅱ动挠度

图 4-12　双盘对称转子瞬态响应

通过载荷识别方法计算得到双盘对称转子系统特征盘Ⅰ和特征盘Ⅱx方向的激振力，并选取激振力中临界转速前某时间段内的动载荷响应，如图 4-13 所示。在图 4-13(a)和(b)中每一个波动的极小值处取值(图中三角形标注的点处)，结合不平衡量的识别方法，得到该转子系统特征盘Ⅰ和特征盘Ⅱ的不平衡方位角识别结果如图 4-14 所示，均值分别为 1.31rad 和 1.22rad，并得到特征盘Ⅰ和特征盘Ⅱ的不平衡大小分别为 4.67×10^{-5}m 和 4.89×10^{-5}m。

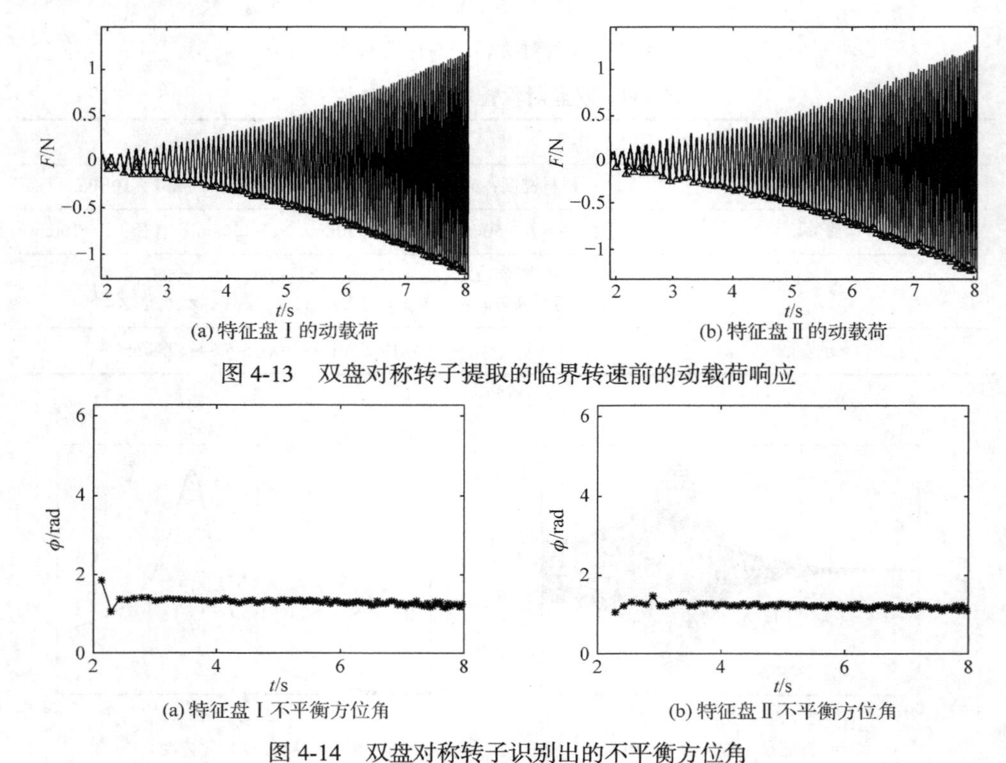

(a) 特征盘Ⅰ的动载荷　　(b) 特征盘Ⅱ的动载荷

图 4-13　双盘对称转子提取的临界转速前的动载荷响应

(a) 特征盘Ⅰ不平衡方位角　　(b) 特征盘Ⅱ不平衡方位角

图 4-14　双盘对称转子识别出的不平衡方位角

利用计算出的不平衡量对双盘对称转子进行平衡，得出平衡前后特征盘Ⅰ和特征盘Ⅱ的动挠度如图 4-15 所示。平衡前后特征盘Ⅰ的动挠度峰值分别为 2.71×10^{-4}m 和 3.98×10^{-5}m，下降幅度达 85.32%；平衡前后特征盘Ⅱ的动挠度峰值分别为 2.77×10^{-4}m 和 4.56×10^{-5}m，下降幅度达 83.54%。

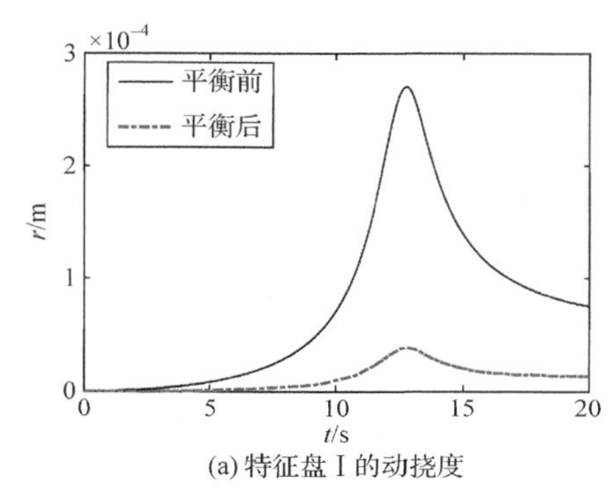

(a) 特征盘Ⅰ的动挠度

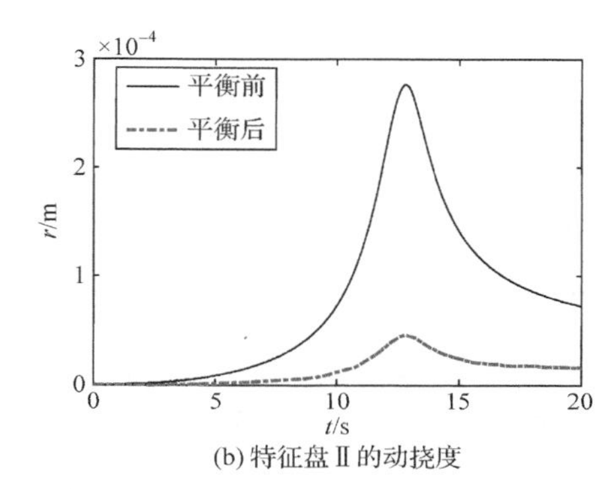

(b) 特征盘Ⅱ的动挠度

图 4-15　双盘对称转子平衡前后两个特征盘的动挠度

保持表 4-9 中其他参数不变，改变转子系统起动角加速度 α，通过无试重瞬态高速动平衡方法识别出转子系统的仿真平衡结果如表 4-10 所示。

表 4-10　双盘对称转子角加速度改变的仿真平衡结果

角加速度 /(rad/s²)	特征盘Ⅰ、Ⅱ初始不平衡偏心		不平衡偏心识别	平衡前动挠度峰值 /(10^{-4}m)	平衡后动挠度峰值 /(10^{-5}m)	振幅峰值降低/%
20	Ⅰ	6×10^{-5}m∠135°	4.67×10^{-5}m∠75.06°	2.71	3.98	85.31
	Ⅱ	9×10^{-5}m∠45°	4.89×10^{-5}m∠69.88°	2.77	4.56	83.54
30	Ⅰ	6×10^{-5}m∠135°	4.71×10^{-5}m∠74.91°	2.71	3.96	85.39
	Ⅱ	9×10^{-5}m∠45°	4.90×10^{-5}m∠69.60°	2.78	4.55	83.63
40	Ⅰ	6×10^{-5}m∠135°	4.76×10^{-5}m∠73.60°	2.72	4.11	84.89
	Ⅱ	9×10^{-5}m∠45°	4.94×10^{-5}m∠68.98°	2.78	4.70	83.10

保持表 4-9 中其他参数不变，改变不平衡量的方位角，通过无试重瞬态高速动平衡方法识别出转子系统的仿真平衡结果如表 4-11 所示。

表 4-11　双盘对称转子不平衡方位角改变的仿真平衡结果

序号	特征盘Ⅰ、Ⅱ初始不平衡偏心		不平衡偏心识别	平衡前动挠度峰值 /(10^{-4}m)	平衡后动挠度峰值 /(10^{-5}m)	振幅峰值降低/%
1	Ⅰ	6×10^{-5}m∠135°	4.67×10^{-5}m∠75.06°	2.71	3.98	85.31
	Ⅱ	9×10^{-5}m∠45°	4.89×10^{-5}m∠69.88°	2.77	4.56	83.54

续表

序号	特征盘Ⅰ、Ⅱ初始不平衡偏心		不平衡偏心识别	平衡前动挠度峰值/(10^{-4}m)	平衡后动挠度峰值/(10^{-5}m)	振幅峰值降低/%
2	Ⅰ	6×10^{-5}m∠135°	6.07×10^{-5}m∠155.40°	3.53	5.42	84.65
	Ⅱ	9×10^{-5}m∠180°	6.22×10^{-5}m∠157.46°	3.51	5.25	85.04
3	Ⅰ	6×10^{-5}m∠45°	6.56×10^{-5}m∠39.04°	3.79	5.73	84.88
	Ⅱ	9×10^{-5}m∠45°	6.68×10^{-5}m∠39.27°	3.80	5.82	84.68
4	Ⅰ	6×10^{-5}m∠315°	4.70×10^{-5}m∠2.72°	2.76	4.43	83.95
	Ⅱ	9×10^{-5}m∠45°	4.86×10^{-5}m∠7.74°	2.72	4.12	84.85

保持表 4-9 中其他参数不变，改变不平衡量的偏心距，通过无试重瞬态高速动平衡方法识别出转子系统的仿真平衡结果如表 4-12 所示。

表 4-12　双盘对称转子不平衡偏心距改变的仿真平衡结果

序号	特征盘Ⅰ、Ⅱ初始不平衡偏心		不平衡偏心识别	平衡前动挠度峰值/(10^{-4}m)	平衡后动挠度峰值/(10^{-5}m)	振幅峰值降低/%
1	Ⅰ	6×10^{-5}m∠135°	4.67×10^{-5}m∠75.06°	2.71	3.98	85.31
	Ⅱ	9×10^{-5}m∠45°	4.89×10^{-5}m∠69.88°	2.77	4.56	83.54
2	Ⅰ	3×10^{-5}m∠135°	4.02×10^{-5}m∠58.80°	2.39	3.48	85.44
	Ⅱ	9×10^{-5}m∠45°	4.38×10^{-5}m∠55.78°	2.42	3.95	83.68
3	Ⅰ	6×10^{-5}m∠135°	3.72×10^{-5}m∠86.57°	2.12	3.14	85.19
	Ⅱ	6×10^{-5}m∠45°	3.75×10^{-5}m∠72.81°	2.18	3.56	83.67
4	Ⅰ	6×10^{-5}m∠135°	2.77×10^{-5}m∠120.57°	1.53	2.49	83.73
	Ⅱ	1×10^{-5}m∠45°	2.57×10^{-5}m∠117.86°	1.55	2.43	84.32

由表 4-10～表 4-12 可得，无试重瞬态高速动平衡方法针对双盘对称转子不同角加速度、不同方位角的不平衡量和不同偏心距的不平衡量的情况下，振幅峰值的下降幅度均在 80%以上。此外，无试重瞬态高速动平衡方法对双盘对称转子的不平衡量识别结果还存在较大的误差，需要做进一步的分析研究。

4.4　影响无试重瞬态高速动平衡效果的主要因素

无试重瞬态高速动平衡方法需要基于恒定角加速度起车，不需要稳定在某一恒定转速下开展动平衡，这是其相比于模态平衡法和影响系数法的优点之一。然而在实际现场平衡过程中，恒定角加速度这一条件总是存在各种各样的偏差，如升速率受噪声影响，转速波动。此外，转子的支承刚度因挤压油膜的特性改变也会受到一定影响，这些因素会影响动平衡的效果。因此，本节以单盘居中转子和单盘悬臂转子为例，分析影响无试重瞬态高速动平衡效果的主要因素。

4.4.1 单盘居中转子

本小节将主要讨论 3 类因素对单盘居中转子无试重瞬态高速动平衡效果的影响。所用的分析模型见 4.1 节。

1. 转子的升速率

本书所提出的无试重瞬态高速动平衡方法假定转子以恒定的角加速度起动，实际中，当驱动电机给转子提供一个常数驱动力矩时，该假设是成立的。但多数转子的工作环境比较恶劣，如真实工况下的气流激振、机械和电气跳动量与环境噪声等都会对转子的驱动力矩产生影响，从而进一步影响转子起动时的升速率(角加速度)。为了考察无试重瞬态高速动平衡方法对起动升速率变化的适应性，对仿真时的起动升速率施加噪声，再利用该平衡方法对转子进行平衡。

假设仿真时给定的转子起动升速率为 a_{exact}，受噪声干扰的升速率 $a_{\text{noise}}(t)$为

$$a_{\text{noise}}(t) = a_{\text{exact}} + \Delta a(t) \tag{4-1}$$

对于所给的转子，式(4-1)中，取 $a_{\text{exact}} = 20\text{rad/s}^2$，$\Delta a(t)$为满足高斯分布的随机实数，其均值为 0，标准差分别为 a_{exact} 的 1%、5%、10%、15%、20%。在采样时间间隔 $\Delta t = 1 \times 10^{-3}\text{s}$ 时，不同升速率噪声标准差下，单盘居中转子的动挠度的比较如图 4-16 所示，其不平衡识别结果和平衡前后盘振幅如表 4-13 和表 4-14 所示。

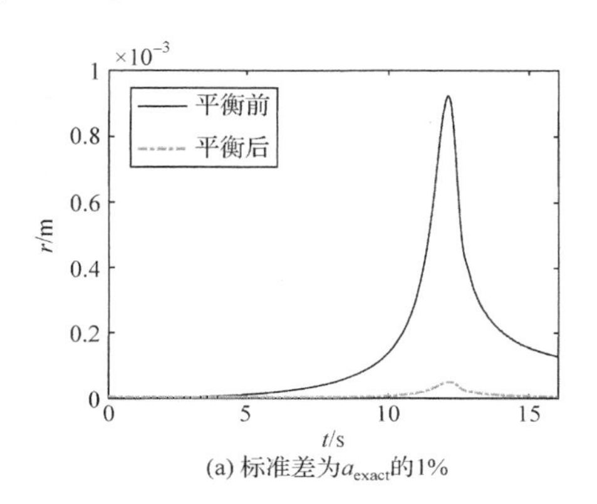

(a) 标准差为a_{exact}的1%

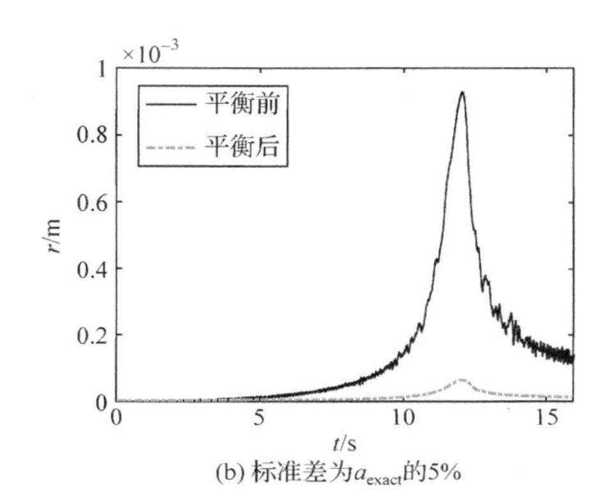

(b) 标准差为a_{exact}的5%

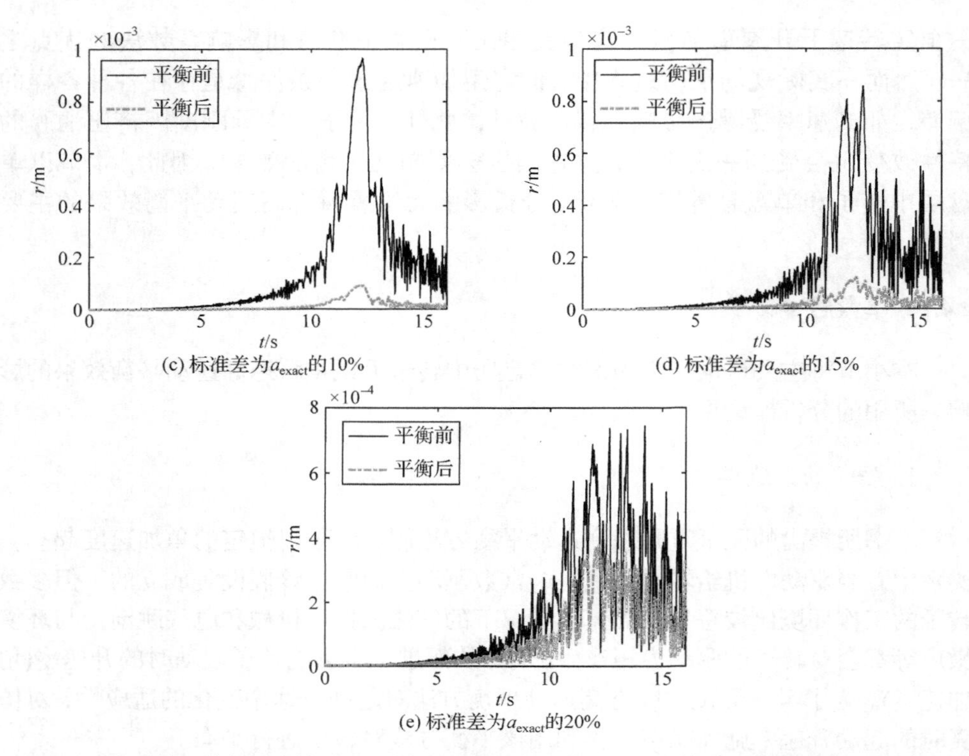

图 4-16　单盘居中转子在不同升速率噪声标准差下平衡前后动挠度的比较

表 4-13　不同升速率噪声下单盘居中转子不平衡识别结果比较

噪声的标准差为 a_{exact} 的百分比/%	真实值		识别结果		误差	
	角度/(°)	大小/(10^{-5}m)	角度/(°)	大小/(10^{-5}m)	角度/%	大小/%
1	120	6	118.12	6.28	1.57	4.67
5	120	6	117.07	6.29	2.44	4.83
10	120	6	116.75	6.49	2.71	8.17
15	120	6	116.78	6.77	2.68	12.83
20	120	6	114.37	9.19	4.69	53.17

表 4-14　不同升速率噪声下单盘居中转子平衡前后盘振幅比较

噪声的标准差为 a_{exact} 的百分比/%	平衡前/(10^{-4}m)	平衡后/(10^{-5}m)	振幅降低/%
1	9.23	5.33	94.23
5	9.30	6.50	93.01
10	9.59	9.49	90.10
15	8.59	12.40	85.56
20	7.45	38.3	48.59

通过表 4-13 和表 4-14 可以看出，当噪声的标准差为 a_{exact} 的 15%及以下时，无试重瞬态高速动平衡方法的平衡效果仍能达到 85.56%以上，但当噪声的标准差为 a_{exact} 的 20%时，动平衡方法的平衡效果降低为 48.59%。由此得出，轻微的噪声干扰对动平衡方法的平衡效果影响不大。

2. 转速波动

本小节主要考虑两个方面的影响因素：①转速受噪声干扰；②转速按指数规律变化。

1) 转速受噪声干扰

在恒角加速起动的前提下，假定转子的瞬时速度受到噪声干扰，则按照离散时间格式，有如下关系成立：

$$\omega_{\text{noise}}(t_{n+1}) = \omega_{\text{noise}}(t_n) + a\Delta t + \Delta\omega \tag{4-2}$$

式中，$\omega_{\text{noise}}(t)$为受到噪声干扰的瞬时速度；$\Delta\omega$ 为满足高斯分布的随机实数；t_n 为第 n 个采样时间点；Δt 为采样时间间隔；$a = 20\text{rad/s}^2$。当 $t = 0$ 时，$\omega_{\text{noise}}(t)$为 0，此时转子瞬时速度值也为 0。不同转速波动噪声干扰下转子不平衡识别结果和平衡前后盘振幅如表 4-15 和表 4-16 所示，动挠度如图 4-17 所示。

表 4-15 不同转速波动噪声下单盘居中转子不平衡识别结果比较

噪声的标准差为 ω_{noise} 的百分比/%	真实值		识别结果		误差	
	角度/(°)	大小/(10^{-5}m)	角度/(°)	大小/(10^{-5}m)	角度/%	大小/%
10	120	6	117.39	6.29	2.18	4.83
30	120	6	118.44	6.33	1.30	5.50
50	120	6	118.74	6.86	1.05	14.33
75	120	6	118.88	7.70	0.93	28.33

表 4-16 不同转速波动噪声下单盘居中转子平衡前后盘振幅比较

噪声的标准差为 ω_{noise} 的百分比/%	平衡前/(10^{-4}m)	平衡后/(10^{-5}m)	振幅降低/%
10	9.25	6.21	93.29
30	9.37	5.75	93.86
50	10.10	15.96	84.20
75	10.90	39.61	63.66

通过表 4-15 和表 4-16 可以看出，转速波动对所建立的无试重瞬态高速动平衡方法的效果有一定影响，当噪声的标准差为 ω_{noise} 的 50%及以下时，无试重瞬

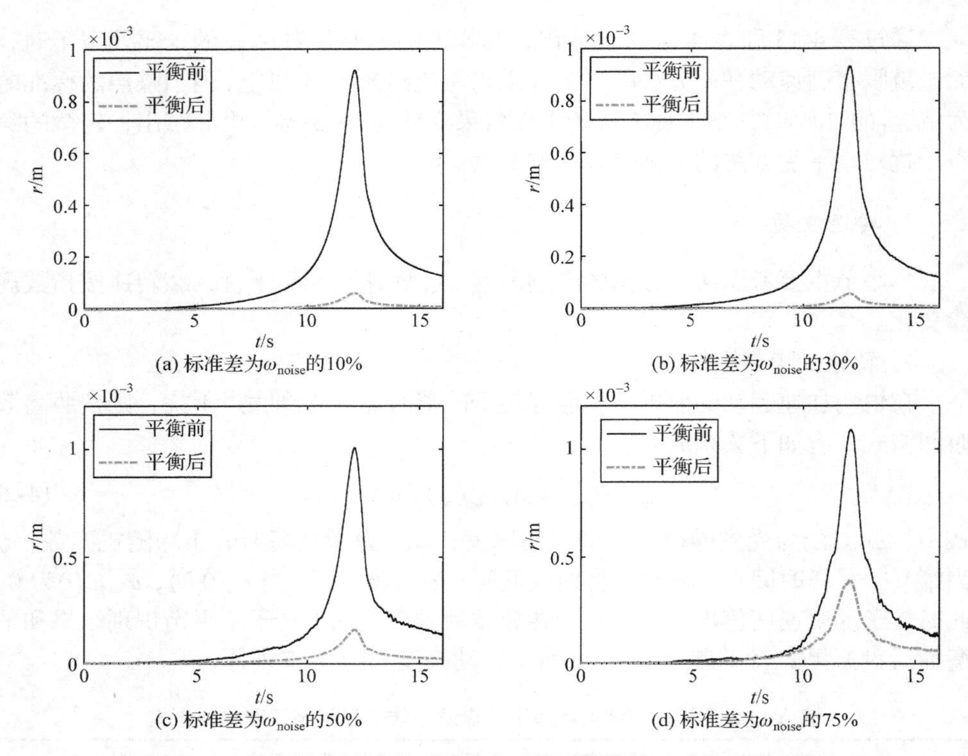

图 4-17　单盘居中转子在不同噪声干扰下平衡前后动挠度的比较

态高速动平衡方法的平衡效果仍能达到 84.20%以上，但当噪声的标准差为 ω_{noise} 的 75%时，动平衡方法的平衡效果降低为 63.66%。由此得出，轻微的噪声干扰对动平衡方法的平衡效果影响不大。

2) 转速按指数规律变化

当转子以恒定的角加速度起动时，其转速呈线性增加趋势，前面所讨论的转子瞬态响应与平衡都是以转子的这种运动状态为基础。工程实际中，指数升速规律也是应该考虑的一种情况。升速过程中，当转速以指数规律变化时，意味着在转子起动的初始阶段，转速快速增加，而转子越接近工作转速，其角加速度越小。本小节将对转速按指数规律变化的转子瞬态响应及无试重瞬态高速动平衡效果进行讨论。

假定起动过程中转子的转速变化规律为

$$\omega(t)=600(1-\mathrm{e}^{-0.065t}),\omega(t)=450(1-\mathrm{e}^{-0.1t}),\omega(t)=300(1-\mathrm{e}^{-0.25t}) \tag{4-3}$$

转子转速按不同指数规律变化时，动挠度如图 4-18 所示。转子不平衡识别结果和平衡前后盘振幅如表 4-17 和表 4-18 所示。

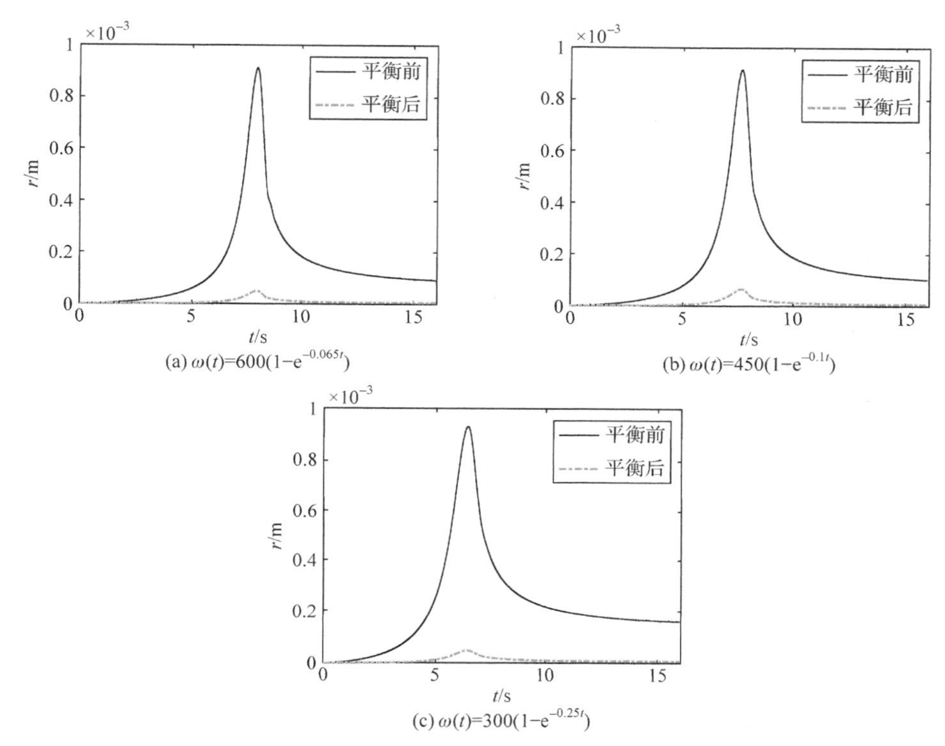

图 4-18　单盘居中转子转速按不同指数规律变化时动挠度的比较

表 4-17　转速按不同指数规律变化时单盘居中转子不平衡识别结果比较

转速变化规律	真实值		识别结果		误差	
	角度/(°)	大小/(10^{-5}m)	角度/(°)	大小/(10^{-5}m)	角度/%	大小/%
$\omega(t)=600(1-e^{-0.065t})$	120	6	119.22	6.32	0.65	5.33
$\omega(t)=450(1-e^{-0.1t})$	120	6	116.91	6.30	2.58	5.00
$\omega(t)=300(1-e^{-0.25t})$	120	6	118.22	6.27	1.48	4.50

表 4-18　转速按不同指数规律变化时单盘居中转子平衡前后盘振幅比较

转速变化规律	平衡前/(10^{-4}m)	平衡后/(10^{-5}m)	振幅降低/%
$\omega(t)=600(1-e^{-0.065t})$	9.17	5.01	94.54
$\omega(t)=450(1-e^{-0.1t})$	9.20	6.60	92.83
$\omega(t)=300(1-e^{-0.25t})$	9.29	4.94	94.68

通过表 4-17 和表 4-18 可以看出，转速按不同指数规律变化时，对无试重瞬态高速动平衡效果影响不大。

3. 支承刚度平方非线性

考虑支承刚度平方非线性对该无试重瞬态高速动平衡效果的影响，转子系统的运动微分方程可表示为

$$M\ddot{X} + C\dot{X} + KX + K_0X^2 = F \tag{4-4}$$

式中，$K_0 = \begin{bmatrix} k_0 & 0 \\ 0 & k_0 \end{bmatrix}$，$k_0$ 为支承刚度平方非线性系数。

以图 4-1 所示的单盘居中转子为例，针对不同支承刚度平方非线性系数 k_0，对转子的瞬态不平衡响应进行分析，图 4-19～图 4-22 为不同 k_0 情况下盘的瞬态响应比较。

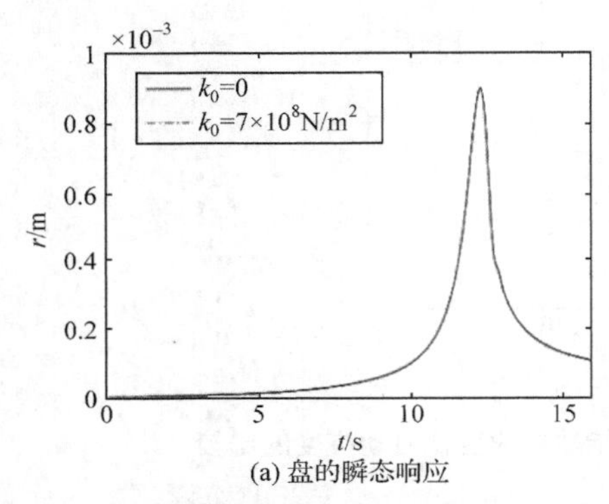

(a) 盘的瞬态响应

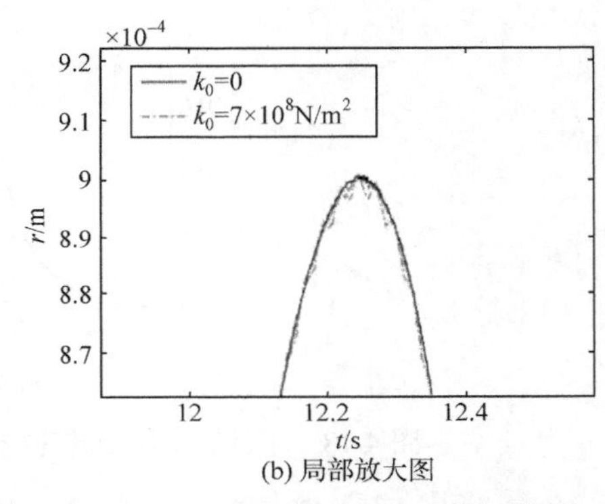

(b) 局部放大图

图 4-19　单盘居中转子支承刚度平方非线性系数 $k_0 = 0$ 和 $k_0 = 7\times10^8\text{N/m}^2$ 时盘的瞬态响应比较

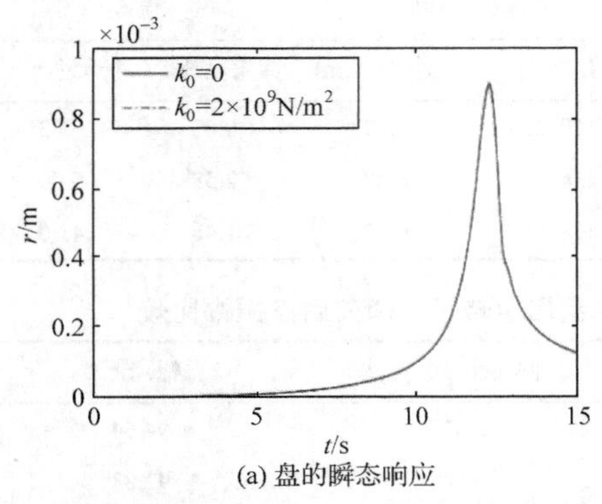

(a) 盘的瞬态响应

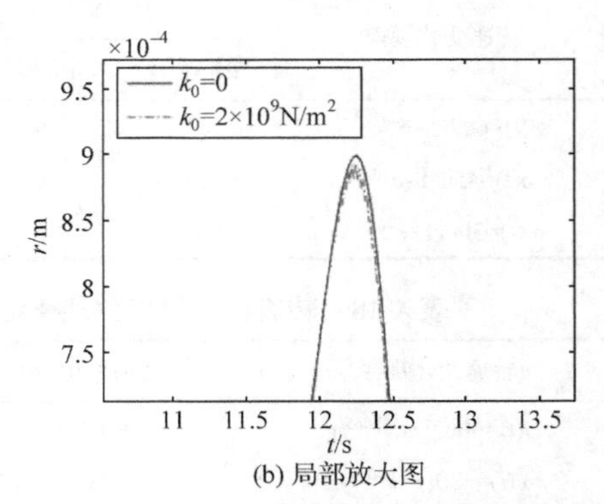

(b) 局部放大图

图 4-20　单盘居中转子支承刚度平方非线性系数 $k_0 = 0$ 和 $k_0 = 2\times10^9\text{N/m}^2$ 时盘的瞬态响应比较

由图 4-19～图 4-22 可以看出，随着支承刚度平方非线性系数 k_0 的增大，高转速区内转子的动挠度峰值会产生明显的下降趋势，同时，高转速区内转子的动挠度峰值会出现相移，当 k_0 达到一定值时，甚至会出现积分结果发散的情况。

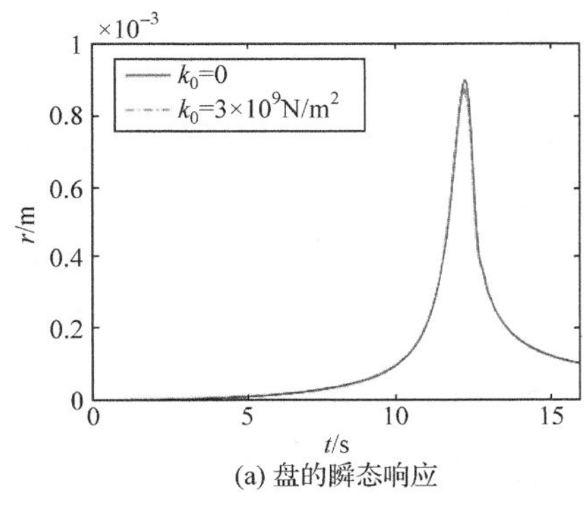

(a) 盘的瞬态响应

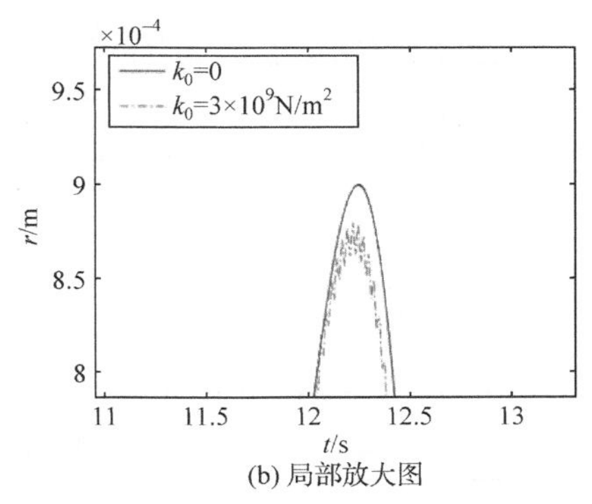

(b) 局部放大图

图 4-21　单盘居中转子支承刚度平方非线性系数 $k_0 = 0$ 和 $k_0 = 3\times10^9\text{N/m}^2$ 时盘的瞬态响应比较

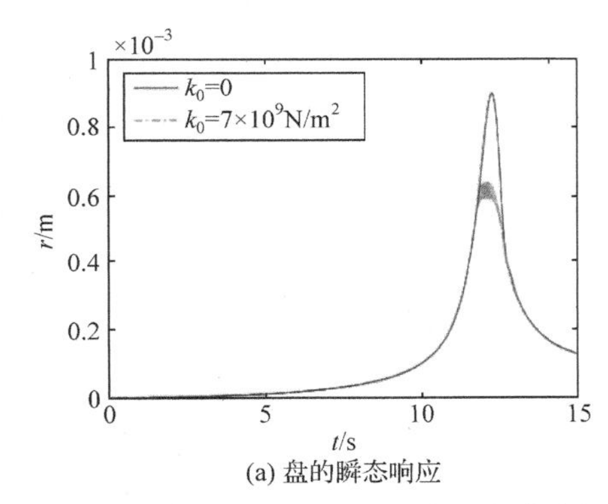

(a) 盘的瞬态响应

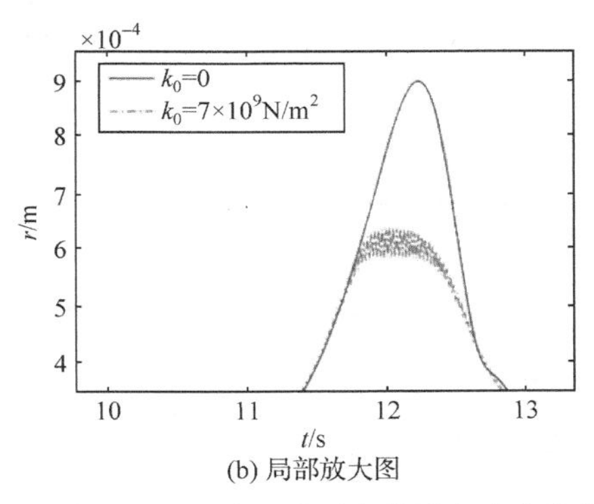

(b) 局部放大图

图 4-22　单盘居中转子支承刚度平方非线性系数 $k_0 = 0$ 和 $k_0 = 7\times10^9\text{N/m}^2$ 时盘的瞬态响应比较

具体为，当支承刚度平方非线性系数 $k_0 > 2\times10^9\text{N/m}^2$ 时，单盘居中转子的瞬态动挠度幅值会发生明显的下降，同时动挠度峰值会发生明显的相移。因此，可以得出这样的结论：轻微的支承刚度平方非线性不会对无试重瞬态高速动平衡效果产生影响，而当支承刚度平方非线性系数达到一定值后，支承刚度的平方非线性会对转子的瞬态动挠度产生影响。

4.4.2　单盘悬臂转子

本小节将主要讨论 3 类影响因素对单盘悬臂转子无试重瞬态高速动平衡效果的影响。所用的分析模型见 4.2 节。

1. 转子的升速率

选取噪声标准差分别为 a_{exact} 的 1%、5%、10%、15%，在采样时间间隔 $\Delta t = 1\times10^{-3}\text{s}$ 时，不同升速率噪声标准差下，单盘悬臂转子的不平衡识别结果和平衡前后盘振幅如表 4-19 和表 4-20 所示，动挠度的比较如图 4-23 所示。

表 4-19　不同升速率噪声下单盘悬臂转子不平衡识别结果比较

噪声的标准差为 a_{exact} 的百分比/%	真实值		识别结果		误差	
	角度/(°)	大小/(10^{-5}m)	角度/(°)	大小/(10^{-5}m)	角度/%	大小/%
1	120	6	118.78	5.91	1.02	1.50
5	120	6	116.74	6.51	2.72	8.50
10	120	6	118.46	7.16	1.28	19.33
15	120	6	117.22	9.44	2.32	57.33

表 4-20　不同升速率噪声下单盘悬臂转子平衡前后盘振幅比较

噪声的标准差为 a_{exact} 的百分比/%	平衡前/(10^{-4}m)	平衡后/(10^{-5}m)	振幅降低/%
1	9.02	2.31	97.44
5	9.06	9.37	89.66
10	8.84	18.50	79.07
15	8.98	47.30	47.33

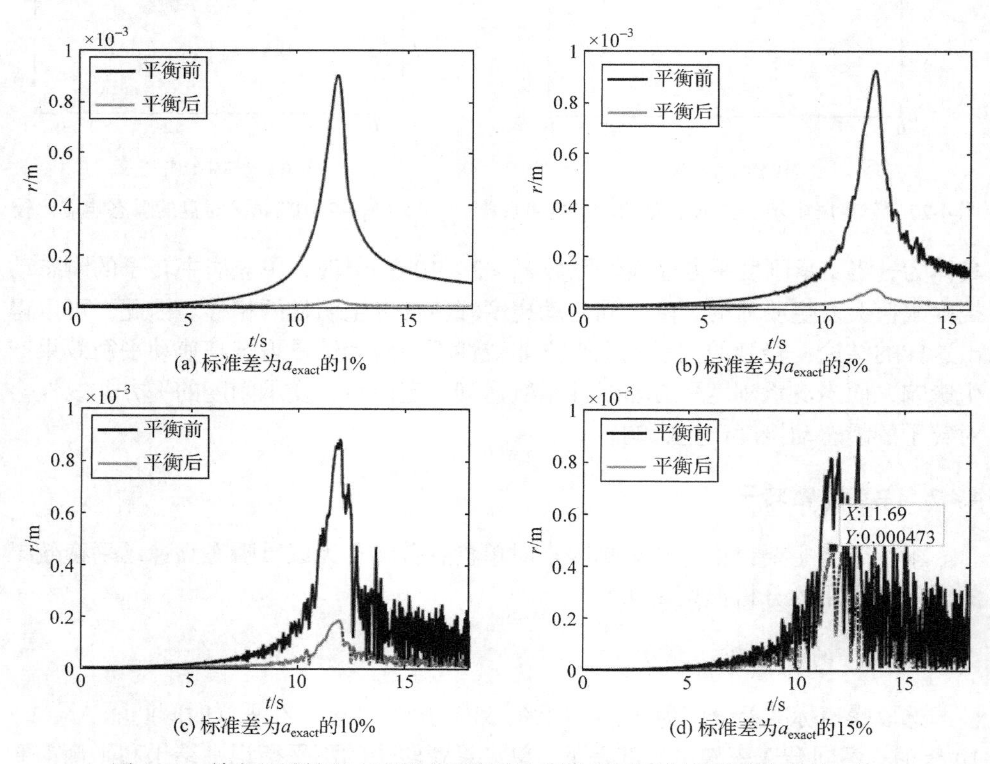

(a) 标准差为a_{exact}的1%　(b) 标准差为a_{exact}的5%

(c) 标准差为a_{exact}的10%　(d) 标准差为a_{exact}的15%

图 4-23　单盘悬臂转子在不同升速率噪声标准差下平衡前后动挠度的比较

通过表 4-19 和表 4-20 可以看出，当噪声的标准差为 a_{exact} 的 10%及以下时，无试重瞬态高速动平衡方法的平衡效果仍能达到 79.07%以上，但当噪声的标准差为 a_{exact} 的 15%时，动平衡方法的平衡效果降低为 47.33%。由此得出，轻微的噪声干扰对动平衡方法的平衡效果影响不大。

2. 转速波动

本小节主要考虑两个方面的影响因素：①转速受噪声干扰；②转速按指数规律变化。

1) 转速受噪声干扰

选取噪声的标准差分别为 ω_{noise} 的 10%、30%、50%、75%、95%，不同转速波动噪声干扰下转子不平衡识别结果和平衡前后盘振幅如表 4-21 和表 4-22 所示，动挠度如图 4-24 所示。

表 4-21　不同转速波动噪声下单盘悬臂转子不平衡识别结果比较

噪声的标准差为 ω_{noiset} 的百分比/%	真实值		识别结果		误差	
	角度/(°)	大小/(10^{-5}m)	角度/(°)	大小/(10^{-5}m)	角度/%	大小/%
10	120	6	118.06	5.93	1.62	1.17
30	120	6	119.16	5.94	0.70	1.00
50	120	6	117.89	5.89	1.76	1.83
75	120	6	117.05	6.13	2.46	2.17
95	120	6	122.11	6.72	1.76	12.00

表 4-22　不同转速波动噪声下单盘悬臂转子平衡前后盘振幅比较

噪声的标准差为 ω_{noiset} 的百分比/%	平衡前/(10^{-4}m)	平衡后/(10^{-5}m)	振幅降低/%
10	8.90	3.23	96.37
30	9.07	1.75	98.07
50	9.97	3.06	96.93
75	8.94	1.71	98.09
95	5.42	18.3	66.24

通过表 4-21 和表 4-22 可以看出，转速波动对无试重瞬态高速动平衡效果有一定影响，当噪声的标准差为 ω_{noise} 的 75%及以下时，无试重瞬态高速动平衡方法的平衡效果仍能达到 96.37%以上，但当噪声的标准差为 ω_{noise} 的 95%时，动平衡方法的平衡效果降低为 66.24%。由此得出，轻微的噪声干扰对动平衡方法的平衡效果影响不大。

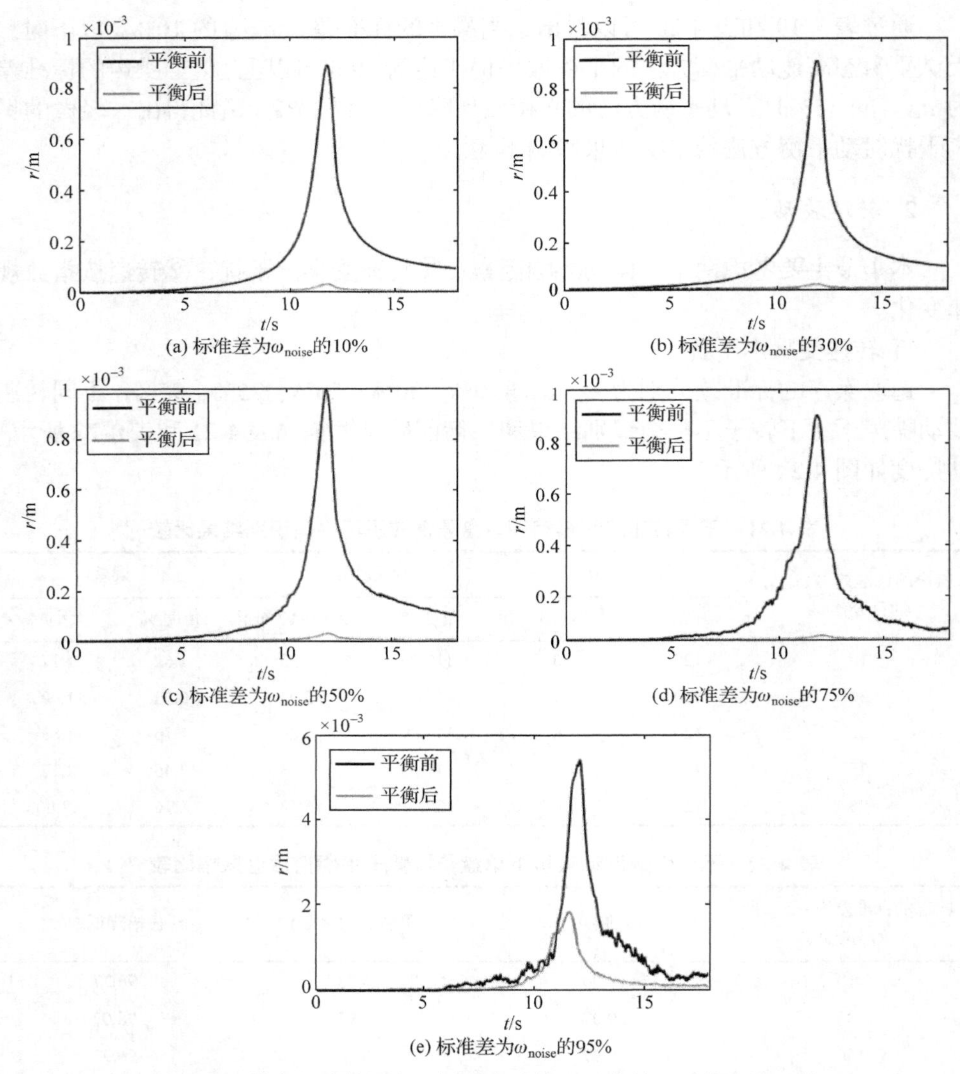

图 4-24　单盘悬臂转子在不同噪声干扰下平衡前后动挠度的比较

2) 转速按指数规律变化

转子转速按不同指数规律变化时，不平衡识别结果和平衡前后盘振幅如表 4-23 和表 4-24 所示，动挠度如图 4-25 所示。

表 4-23　转速按不同指数规律变化时单盘悬臂转子不平衡识别结果比较

转速变化规律	真实值		识别结果		误差	
	角度/(°)	大小/(10^{-5}m)	角度/(°)	大小/(10^{-5}m)	角度/%	大小/%
$\omega(t)=600(1-e^{-0.065t})$	120	6	118.10	6.67	1.58	11.17

续表

转速变化规律	真实值		识别结果		误差	
	角度/(°)	大小/(10^{-5}m)	角度/(°)	大小/(10^{-5}m)	角度/%	大小/%
$\omega(t)=450(1-e^{-0.1t})$	120	6	117.36	6.66	2.20	11.00
$\omega(t)=300(1-e^{-0.25t})$	120	6	115.86	6.59	3.45	9.83

表 4-24　转速按不同指数规律变化时单盘悬臂转子平衡前后盘振幅比较

转速变化规律	平衡前/(10^{-4}m)	平衡后/(10^{-4}m)	振幅降低/%
$\omega(t)=600(1-e^{-0.065t})$	9.552	1.124	88.23
$\omega(t)=450(1-e^{-0.1t})$	9.595	1.146	88.06
$\omega(t)=300(1-e^{-0.25t})$	9.707	1.204	87.60

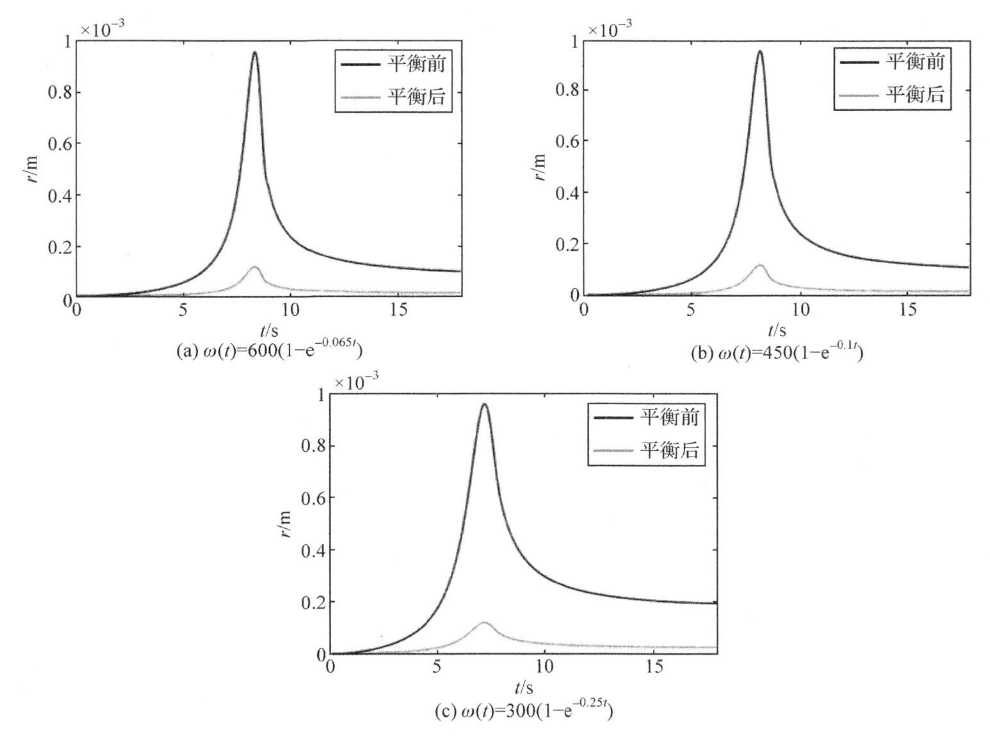

图 4-25　单盘悬臂转子转速按不同指数规律变化时动挠度的比较

3. 支承刚度平方非线性

图 4-26～图 4-29 分别给出了不同支承刚度平方非线性系数 k_0 影响下盘的瞬态响应。可以得出，随着支承刚度平方非线性系数 k_0 的增大，高转速区内转子的

动挠度峰值会产生明显的下降趋势，同时，高转速区内转子的动挠度峰值会出现相移，当 k_0 达到一定值时，也会出现积分结果发散的情况。

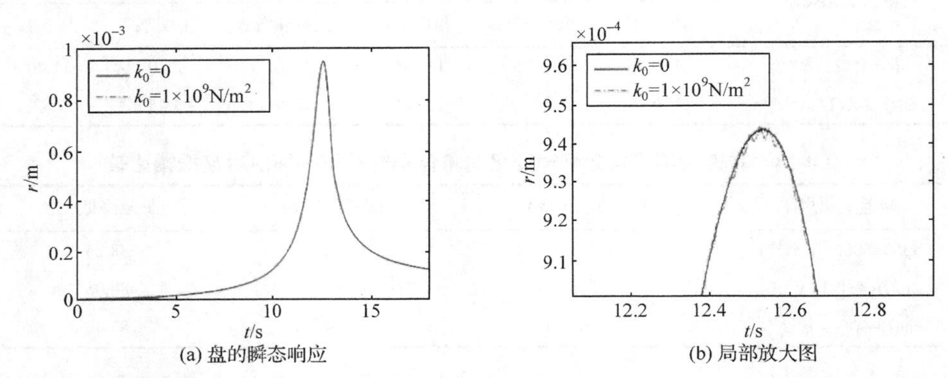

(a) 盘的瞬态响应　　(b) 局部放大图

图 4-26　单盘悬臂转子支承刚度平方非线性系数 $k_0 = 0$ 和 $k_0 = 1\times10^9\text{N/m}^2$ 时盘的瞬态响应比较

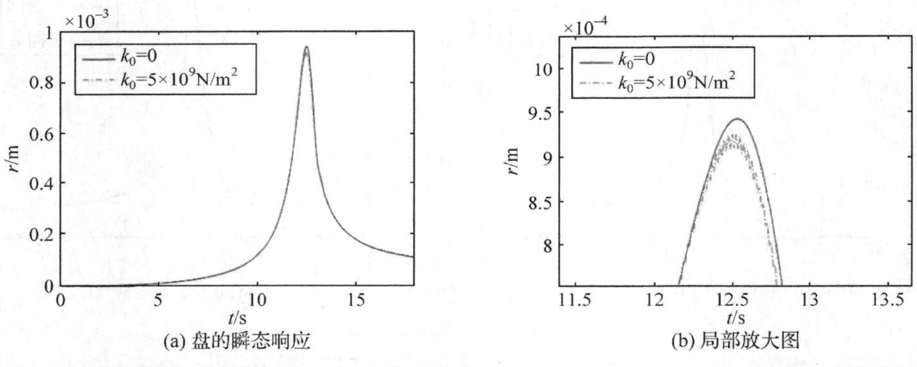

(a) 盘的瞬态响应　　(b) 局部放大图

图 4-27　单盘悬臂转子支承刚度平方非线性系数 $k_0 = 0$ 和 $k_0 = 5\times10^9\text{N/m}^2$ 时盘的瞬态响应比较

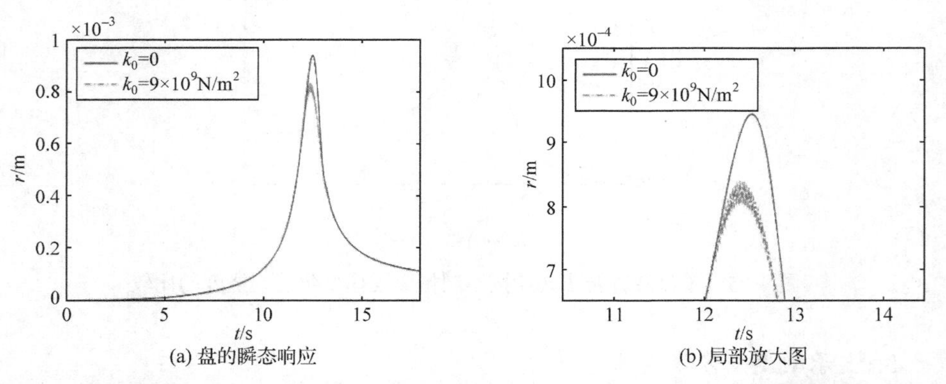

(a) 盘的瞬态响应　　(b) 局部放大图

图 4-28　单盘悬臂转子支承刚度平方非线性系数 $k_0 = 0$ 和 $k_0 = 9\times10^9\text{N/m}^2$ 时盘的瞬态响应比较

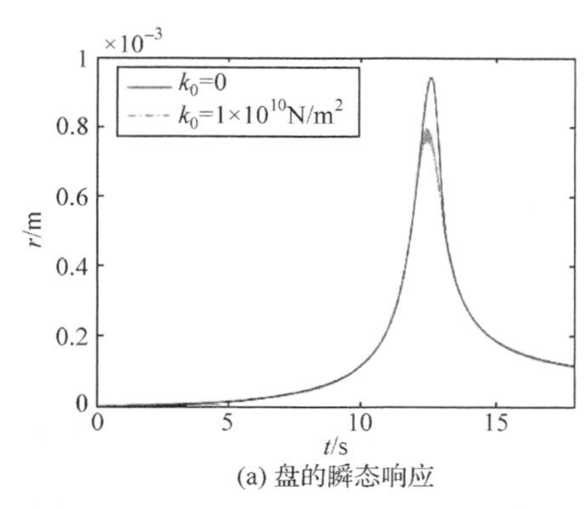

(a) 盘的瞬态响应

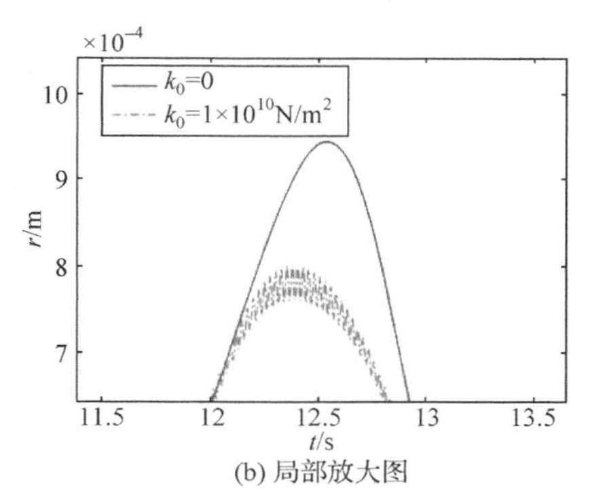

(b) 局部放大图

图 4-29　单盘悬臂转子支承刚度平方非线性系数 $k_0 = 0$ 和 $k_0 = 1\times10^{10}\text{N/m}^2$ 时盘的瞬态响应比较

当支承刚度平方非线性系数 $k_0 > 5\times10^9\text{N/m}^2$ 时，单盘悬臂转子的瞬态动挠度幅值会发生明显的下降，同时动挠度峰值会发生明显的相移，即轻微的支承刚度平方非线性不会对无试重瞬态高速动平衡效果产生影响，而当支承刚度平方非线性系数达到一定值后，支承刚度的平方非线性会对转子的瞬态动挠度产生影响。

本章首先完成 3 种结构形式的模拟转子的无试重瞬态高速动平衡仿真研究。随后，以单盘居中转子和单盘悬臂转子模型为例，对影响无试重瞬态高速动平衡效果的主要因素进行了探讨。研究结论如下：

(1) 在数值计算中，无试重瞬态高速动平衡方法在不同结构转子上的平衡效果(动挠度峰值下降幅度)均在 80%以上。

(2) 当转子的升速率(起动角加速度)受到噪声的干扰时，若噪声干扰幅值低于其本身 10%，无试重瞬态高速动平衡方法的平衡效果仍能达到 79%以上；轻微的噪声干扰对动平衡方法的平衡效果影响很小。

(3) 转速波动对所建立的无试重瞬态高速动平衡效果有一定影响，当噪声的标准差为 ω_{noise} 的 50%及以下时，无试重瞬态高速动平衡方法的平衡效果仍能达到 84%以上。

(4) 当转速以指数规律变化时，该瞬态平衡方法依然适用，对转子振动的降低幅度仍保持在 87%以上。

(5) 支承刚度平方非线性数值较小时，不会对转子瞬态动挠度的变化规律产生明显的影响，从而也不会对无试重瞬态高速动平衡效果产生影响。

第 5 章　无试重瞬态高速动平衡系统研制

1907 年，Lawaczeck 将改良的平衡技术传入德国，制造出第一台动平衡机。早期的动平衡机仅能使用在刚性转子上，适用性有限。随着刚性转子理论的成熟，以及转子高速化的要求，动平衡机进入柔性转子阶段。模态平衡法和影响系数法的出现，更是为将动平衡机使用在柔性转子上提供了理论基础。随着动平衡理论的不断发展，动平衡系统设计技术得到了很大的提升。德国和日本在动平衡机研制领域处于世界领先地位，如德国申克(Schenck)公司的多工位全自动平衡机和日本 Kokusai Electric 公司的中小型转子自动平衡机[88]。近年，对转子的平衡精度和现场平衡效率的要求越来越高，使得动平衡机内置平衡方法的求解精度和效率、硬件的测试精度和灵敏度成为动平衡机研制和发展的重点。

为了满足柔性转子平衡领域的工程实际需求，本书在前述动平衡方法的基础上，研制了无试重瞬态高速动平衡系统(简称瞬态动平衡系统)，如图 5-1 所示。该系统包含硬件和软件两大主要模块，以及数据采集、数据处理和图形处理等模块，具有人机交互操作界面，可方便地进行转子现场动平衡。在实际操作过程中，通过硬件系统对转子的实时振动信号进行采集、降噪和存储，并传输到计算机中供后续处理。软件系统包含影响系数法平衡模块和无试重瞬态高速动平衡模块，可

图 5-1　无试重瞬态高速动平衡系统

对采集到的振动信号进行快速分析，通过内置的无试重瞬态高速动平衡方法进行转子等效不平衡量的实时识别。

5.1　系统硬件研制

瞬态动平衡系统硬件是将传感器测得的转子振动信号进行实时采集存储，并将数据传输到计算机以供后续处理的设备，其主要由机箱、电源、测量传感器、信号调理器、数据采集卡等部分组成。无试重瞬态高速动平衡硬件系统如图 5-2 所示，硬件系统的运行和硬件各部分功能分别如图 5-3 和图 5-4 所示。

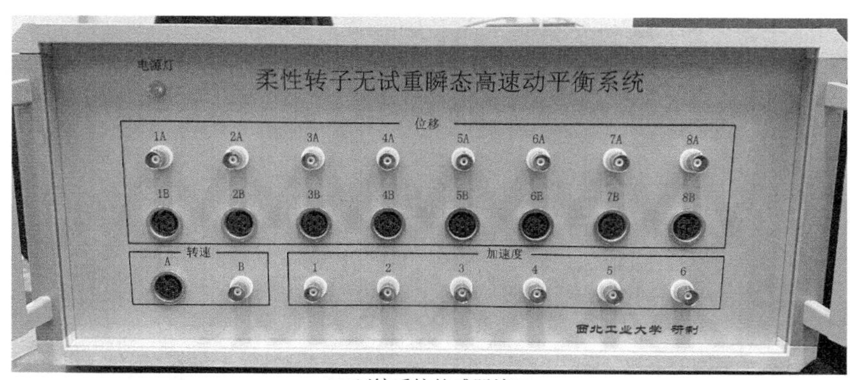

(a) 硬件系统传感器接口

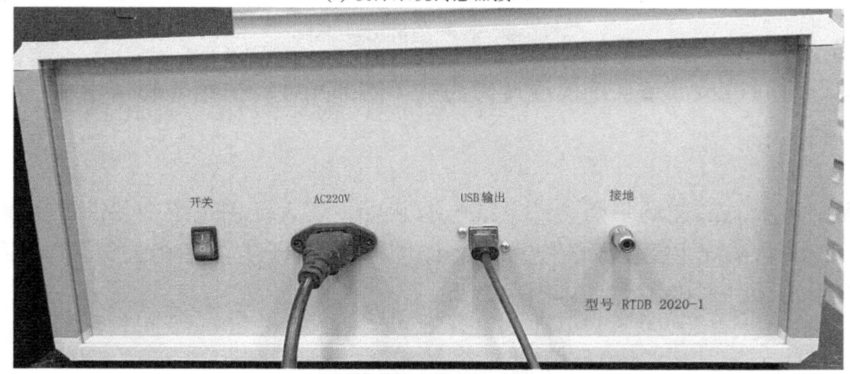

(b) 硬件系统电源与输出接口

图 5-2　无试重瞬态高速动平衡硬件系统

5.1.1　硬件组成

1) 机箱

机箱外壳布置有与 16 个测量通道配合的 16 个数据采集接口；同时，机箱外壳布置 1 个电源线接口、1 个与计算机连接的 USB 接口和 1 个电源开关。为防止

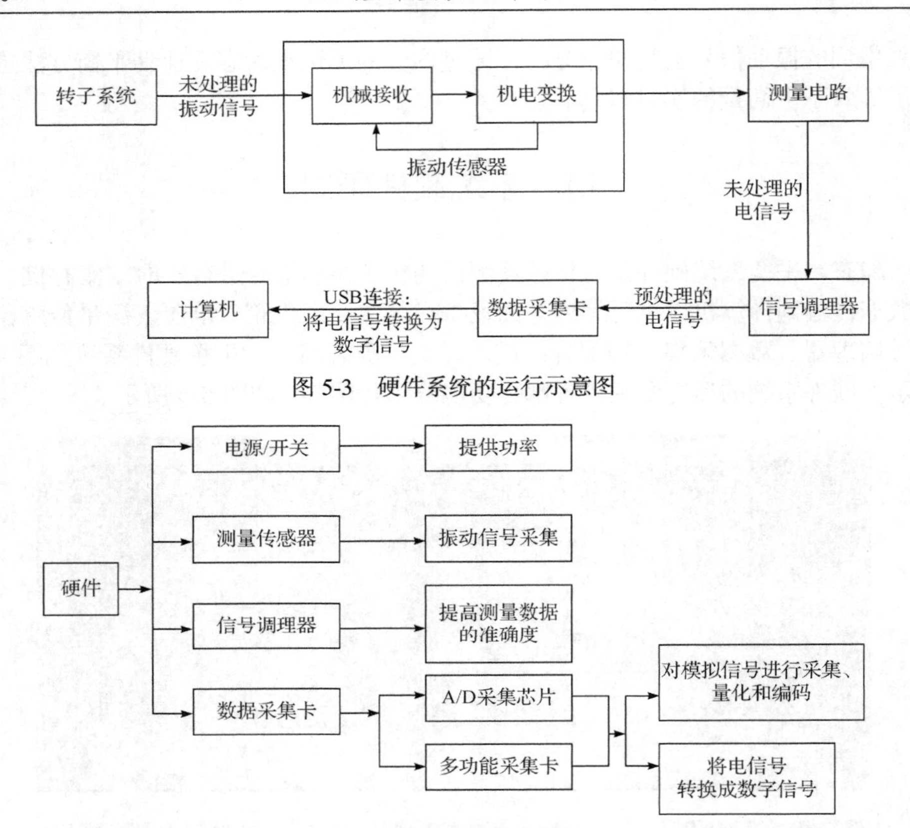

图 5-3　硬件系统的运行示意图

图 5-4　硬件各部分功能图

系统运行时间过长导致系统温度过高而烧坏内部元件，机箱外壳采用利于散热的铝制材料。

2) 电源

无试重瞬态高速动平衡硬件系统电源装置主要为硬件系统中各部分提供相应的电流，供电系统主要由开关电源、充电电路、锂离子电池和相关配套电路组成。

本系统硬件对电源的具体需求如下：

(1) 质量不能过大。

(2) 要充分考虑并满足系统硬件各部分的供电需求。

3) 测量传感器

根据瞬态动平衡需求，本系统可配备的传感器数量为 16 个，包含 8 个位移传感器、6 个加速度传感器、1 个转速传感器和 1 个键相信号传感器。瞬态动平衡系统中传感器的工作流程如图 5-5 所示，采用由机械接收和机电变换组成的振动传感器将转子系统中没有经过任何处理的振动信号，按一定规律变换成为电信号或其他所需形式的信息输出至信号调理器。

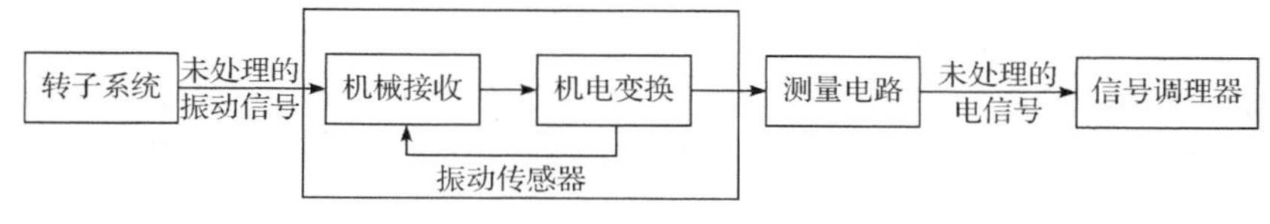

图 5-5　传感器的工作流程

4) 信号调理器

信号调理器是进行数据采集的仪器,用于信号源和读出设备之间的信号调理,信号调理器的应用有助于提高测量数据的准确度，这对于高精度数据采集和机器控制是必不可少的。信号调理器的工作流程如图 5-6 所示。

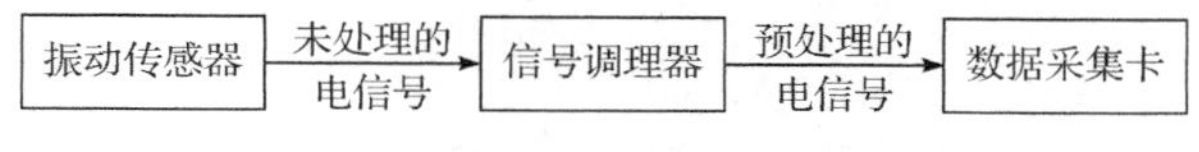

图 5-6　信号调理器的工作流程

信号调理器在本硬件系统中的应用是将振动传感器中传送出来的未处理的电信号进行加工和处理，转换成便于输送、显示和记录的电信号(电压或电流)，并将预处理的电信号输送到数据采集卡中，以便通过数据采集卡将信号数据传输到计算机中。

对于硬件系统的传感器与信号调理器的连接，需要在多个参数上进行匹配，包括：

(1) 信号调理器的输入阻抗应满足传感器输出负荷电阻的要求，一般来说，输入阻抗应不小于传感器的输出负荷电阻。

(2) 传感器的输出动态范围与信号调理器的动态范围匹配，既能满足最小幅值的测量，又在最大幅值时不会饱和，故需设置合适的增益衰减档。

(3) 运动参数的匹配，即配置积分、微分档级，以达到可选择性测量位移、速度或加速度的要求。以加速度传感器信号调理器为例：信号调理器除供给内装内置集成电路(IC)压电加速度传感器的激励电源外，还具有偏置电压调零，高、低通滤波，灵敏度适调，双积分等功能。

5) 数据采集卡

数据采集卡的工作流程如图 5-7 所示，在无试重瞬态高速动平衡硬件系统中，数据采集卡对信号调理器中预处理的电信号进行采集、量化和编码，将其转化为数字信号，再通过 USB 连接器将数字信号传输到软件系统。

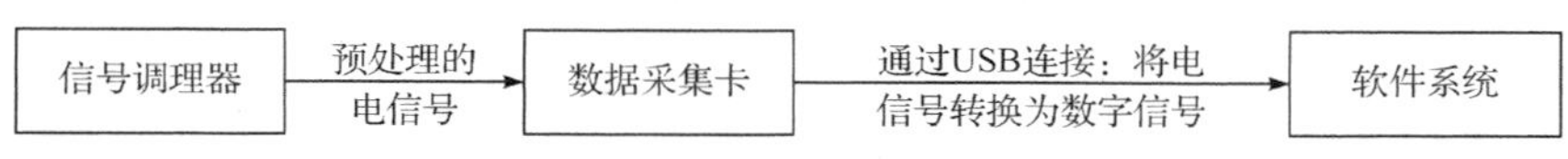

图 5-7　数据采集卡的工作流程

在系统硬件中采用国家仪器(NI)数据采集卡，该采集卡的电源要求为 11～

30VDC，30W，可提供高达 16 位的测量精度，包括一个 A/D 转换器芯片和一个多功能采集卡，如图 5-8 所示。其中，A/D 转换器芯片上的输入端共设置 16 个接口与信号调理器相连，其作用是将传感器测得的信号进行采集、量化和编码；A/D 转换器芯片上的输出端与多功能采集卡的输入端相连；多功能采集卡通过 USB 总线连接到计算机中，即完成了将采集到的模拟信号通过 A/D 转换器芯片输入到计算机进行显示、分析、处理等过程。

(a) A/D转换器芯片　(b) 多功能采集卡

图 5-8　NI 数据采集卡

6) USB 连接

USB 即通用串行总线，系统硬件可通过 USB 与计算机内部的软件系统连接，实现数据传送。同时 USB 又是一种通信协议，支持主系统与其外设之间的数据传送。

系统硬件与软件通过 USB 连接的具体操作步骤如下：

(1) 将 NI-USB 接入系统硬件数据采集卡的输出端，其中，要特别注意数据采集卡的引脚排列顺序。

(2) 计算机安装 NI LabWindows/CVI 应用软件和 NI-DAQmx 应用软件。

(3) 计算机连接 NI-USB 设备(注意：NI-USB 设备为静电敏感设备，操作或连接设备时，人体和设备都需始终接地)。在 Windows 监测到新安装的设备后，NI 设备监视器在启用时会自动运行。NI 设备监视器的图标在 Windows 任务栏可见时，NI 设备监视器处于打开状态。打开设备连接，选择开始 → 所有程序 → National Instruments → NI-DAQ → NI 设备监视器，然后插入设备，可打开 NI-USB 设备监视器，如图 5-9 所示。

(4) 按照下列步骤，进行 NI-USB 设备识别：打开软件界面；展开设备和接口，确认软件已识别 NI-USB 设备；右键单击 NI-USB 设备名并选择自检。自检结束后，提示信息将显示连接成功或失败，若显示连接成功，则完成系统的软件与硬

图 5-9　NI-USB 设备监视器

件连接；若显示连接失败，则需寻找失败原因，重新连接。

5.1.2　硬件调试

将系统硬件与软件连接成功后，需打开测试面板对硬件系统进行采集数据的调试，NI-USB 设备测试面板如图 5-10 所示。

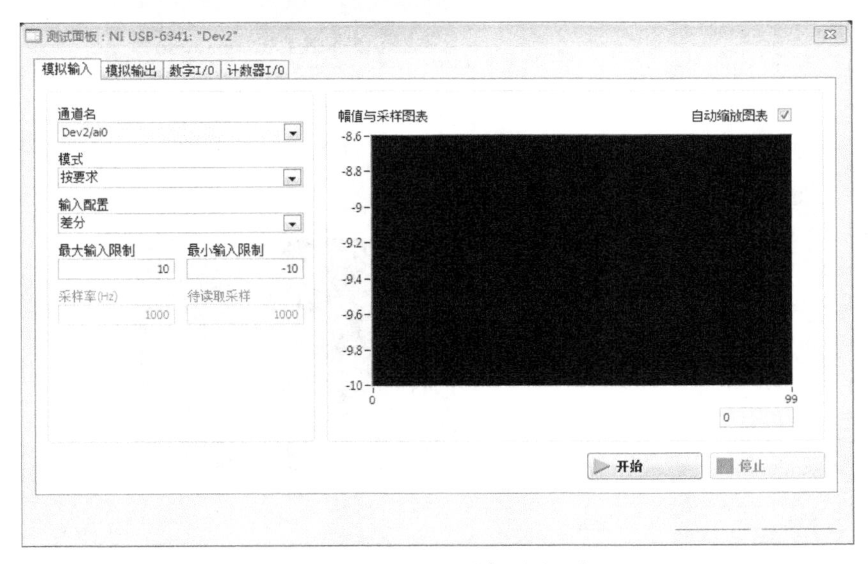

图 5-10　NI-USB 设备测试面板

1. 基于信号发生器的硬件调试

调试方法：利用信号发生器产生一系列波形，通过 BNC 连接器将信号发生器产生的波形通过硬件传输到 NI-USB 设备测试面板中，观察所显示的波形信息与信号发生器输入的波形信息是否一致。如一致，则硬件系统连接正确，工作良好；如不一致或设备测试面板中无结果，则需对硬件系统进行检测。

信号发生器产生频率为 60Hz，峰值为 10 的正弦信号，并通过 BNC 连接器与测试通道 0、2、3、4 连接，通道 1 接地，在 NI-USB 设备测试面板中设置采样率为 10000Hz，每通道采样数为 1000，调试如图 5-11 所示。

通过 3 组调试可以发现，信号发生器输出的波形信息能够准确地显示在 NI-USB 设备测试面板中，表明了系统硬件的接线正确，可进行振动数据的采集和存储。

2. 基于转子的硬件调试

转子的调试方法：利用传感器测量转子的瞬态响应，通过 BNC 连接器与传感器接口箱将瞬态响应通过硬件传输到 NI-USB 设备测试面板中，对瞬态响应进行监测。

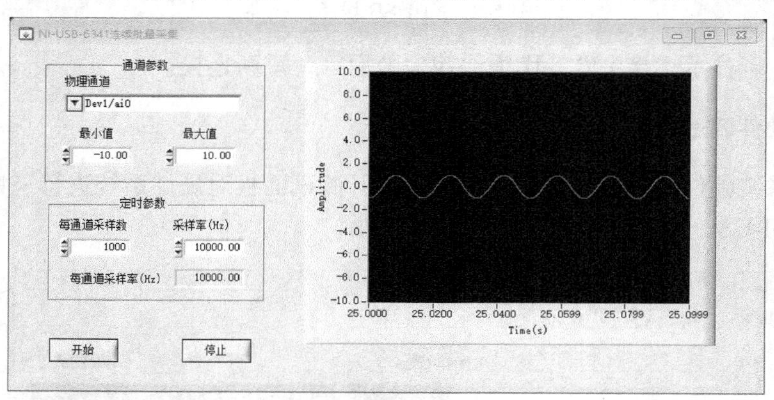

(a) 通道0调试

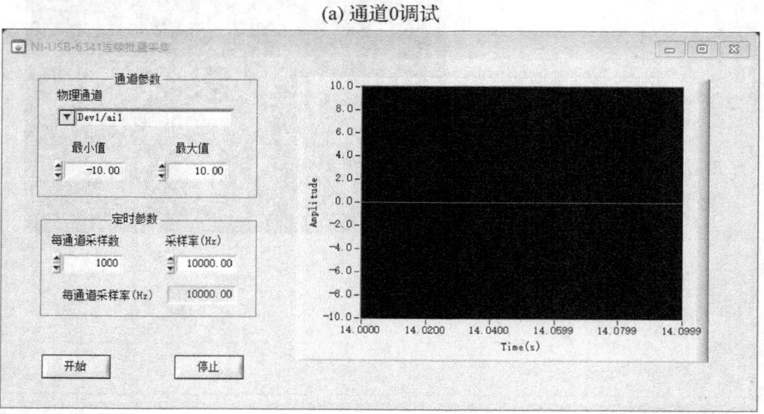

(b) 通道1调试

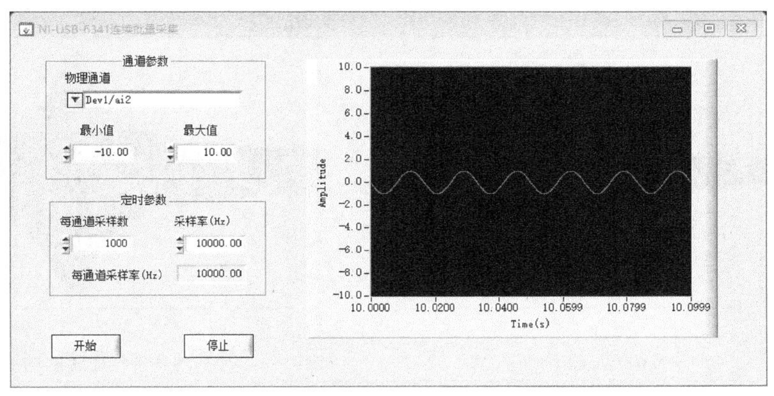

(c) 通道2调试

图 5-11　NI-USB 设备调试示例

(1) 本特利(Bently)单盘居中转子平衡前后所测 x 方向瞬态响应调试如图 5-12 所示。

(2) 本特利单盘悬臂转子平衡前后所测 x 方向瞬态响应调试如图 5-13 所示。

(3) 本特利双盘转子平衡前后所测 x 方向瞬态响应调试如图 5-14 所示。

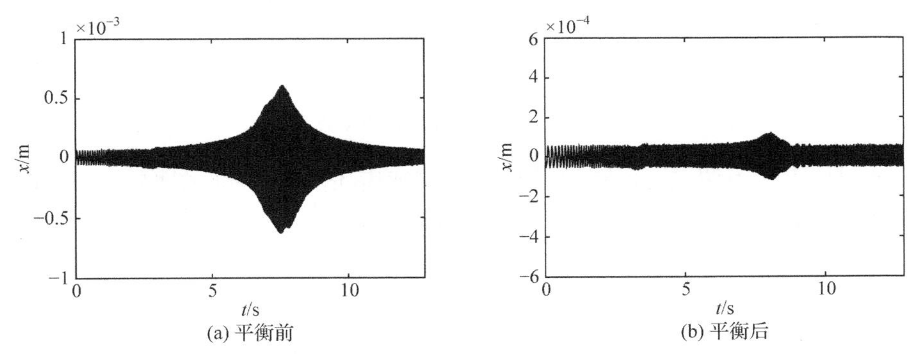

(a) 平衡前　(b) 平衡后

图 5-12　本特利单盘居中转子平衡前后所测 x 方向瞬态响应调试

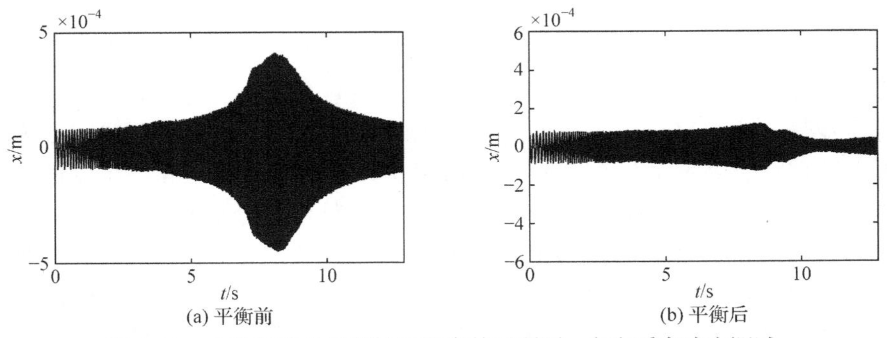

(a) 平衡前　(b) 平衡后

图 5-13　本特利单盘悬臂转子平衡前后所测 x 方向瞬态响应调试

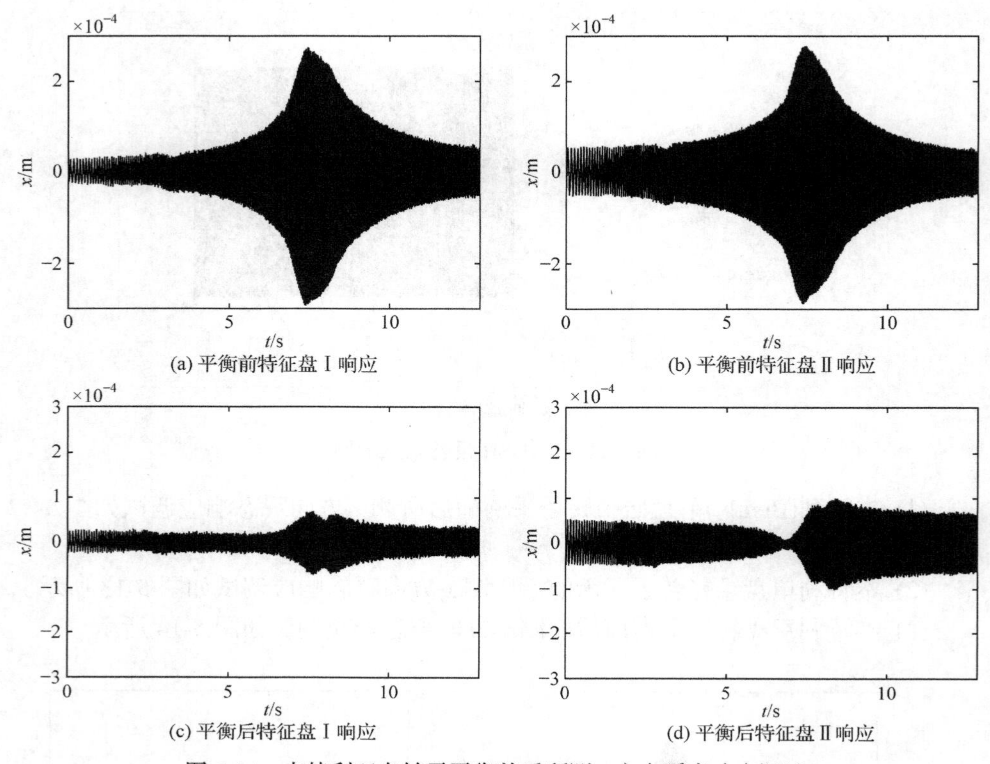

图 5-14　本特利双盘转子平衡前后所测 x 方向瞬态响应调试

通过以上 3 组调试可以得出，转子的瞬态响应信息能够准确地显示在 NI-USB 设备测试面板中，表明了瞬态动平衡系统硬件的接线正确，运行状态良好。

5.2　系统软件研制

5.2.1　软件组成

基于所提出的无试重瞬态高速动平衡方法，将瞬态动平衡系统软件与硬件相配合，通过实时采集与显示转子振动响应，并对响应进行存储、后处理、计算与分析等步骤，相继完成实验室模拟转子无试重瞬态高速动平衡试验和动力涡轮转子无试重瞬态高速动平衡试验，数据库逻辑结构设计流程和系统软件功能模块如图 5-15 和图 5-16 所示。瞬态动平衡系统的软件部分主要包括前处理和后处理两大模块：前处理模块主要包括与硬件系统 NI-USB 数据采集卡相对应的 NI-DAQ 数据处理软件，其界面如图 5-17 所示；后处理模块主要由 Windows 平台的 Matlab GUI 界面组成，内置无试重瞬态高速动平衡算法，主要进行不平衡参数识别，其界面如图 5-18 所示。

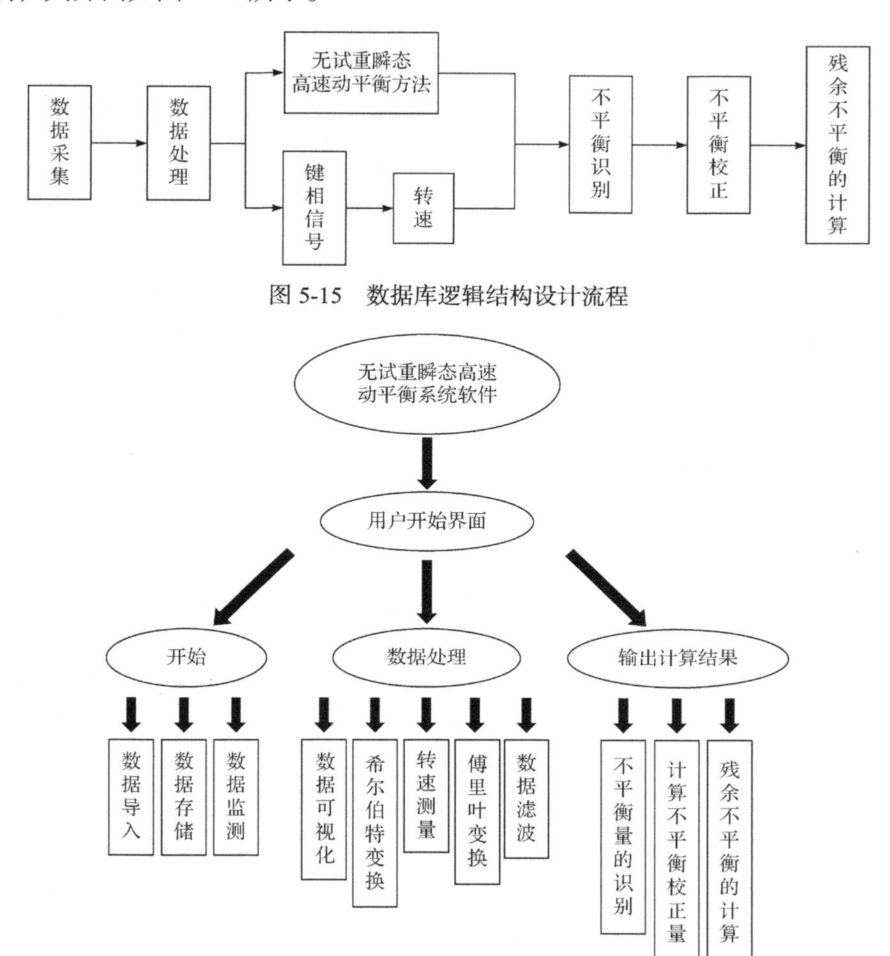

图 5-15　数据库逻辑结构设计流程

图 5-16　系统软件功能模块

5.2.2　前处理软件集成

瞬态动平衡前处理软件界面依托 NI LabWindows/CVI 软件，界面包含 13 个数据监测窗口，其中，1 个通道显示实时转速信号输入，4 个通道显示实时振动响应信号以及与这 4 个通道相对应的伯德图的转速-幅值曲线和转速-相位曲线。界面中以数值形式直观地显示实时转速、周期、频率、采集时间、采样率和各通道信号的实时幅值与相位。在界面中可进行数据采集与停止采集操作，并可完成伯德图线形的设置(如选择转速-幅值曲线设置为一阶量、峰峰值、有效值可选，转

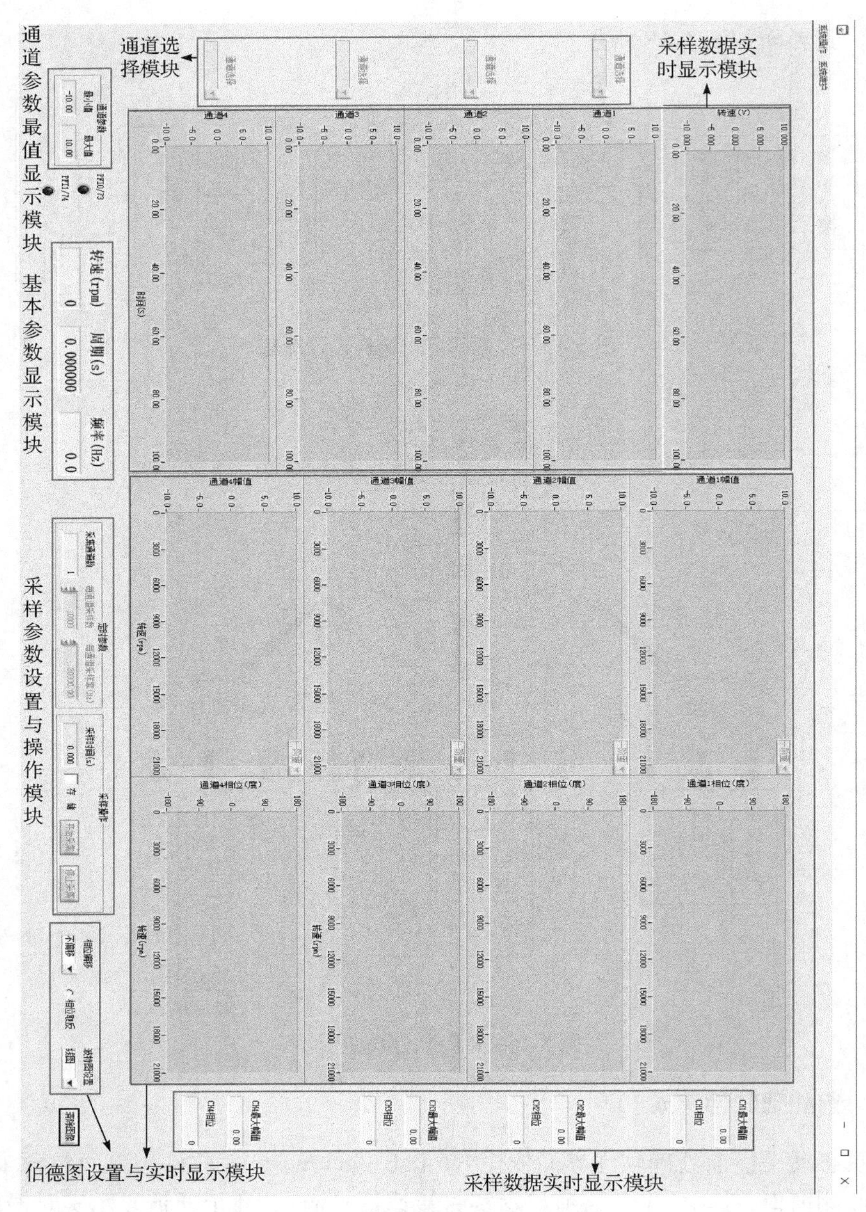

图 5-17　瞬态动平衡系统前处理软件界面

转速单位 rpm 为 r/min；软件中波特图为伯德图

速-相位曲线设置为相位偏移、相位取反、相位增减 180°可选)。采集通道选择、灵敏度参数设置等其他功能集成于顶部菜单栏中。图 5-19 为前处理软件的流程逻辑图，图 5-20 为前处理各模块的效果。

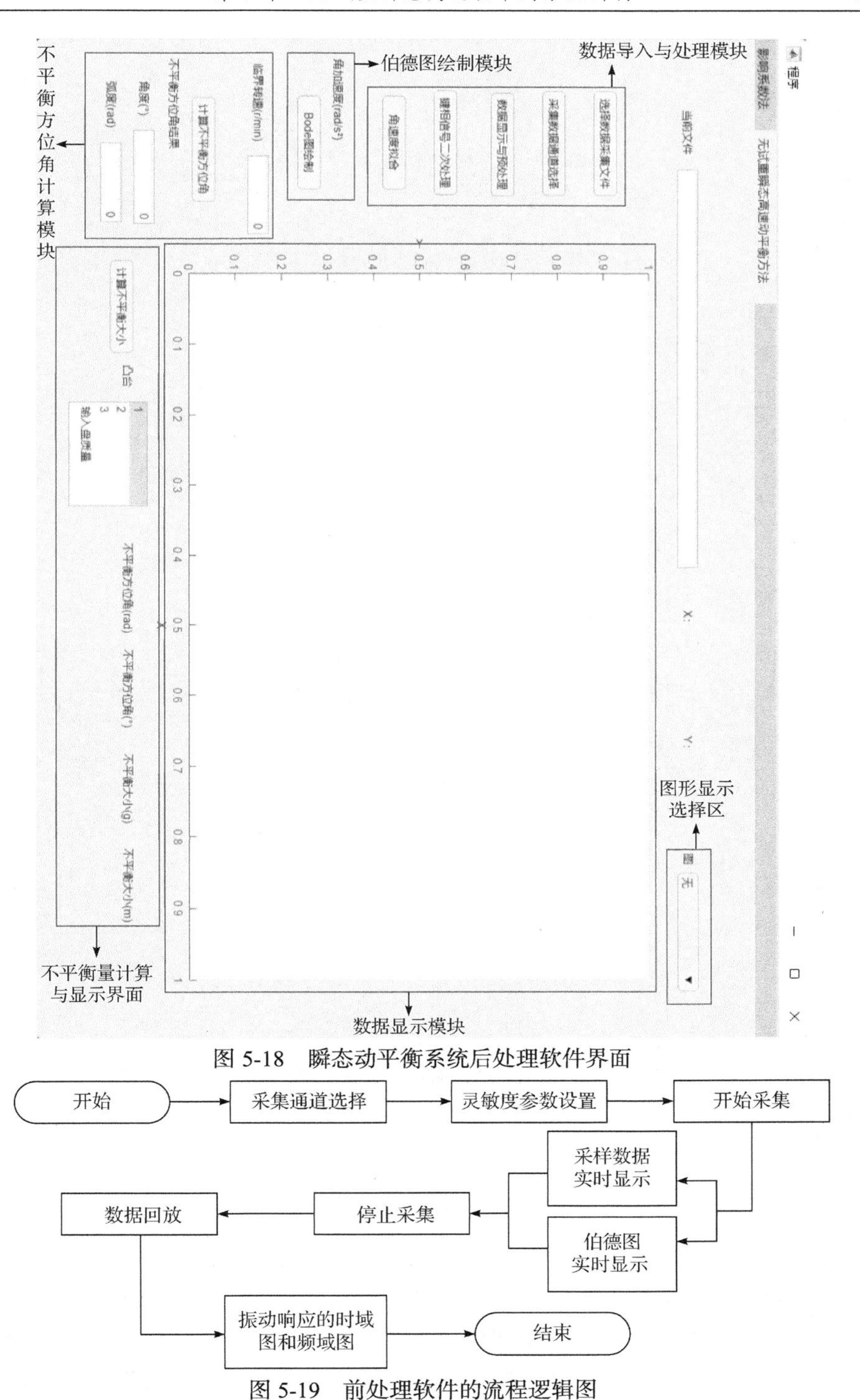

图 5-18　瞬态动平衡系统后处理软件界面

图 5-19　前处理软件的流程逻辑图

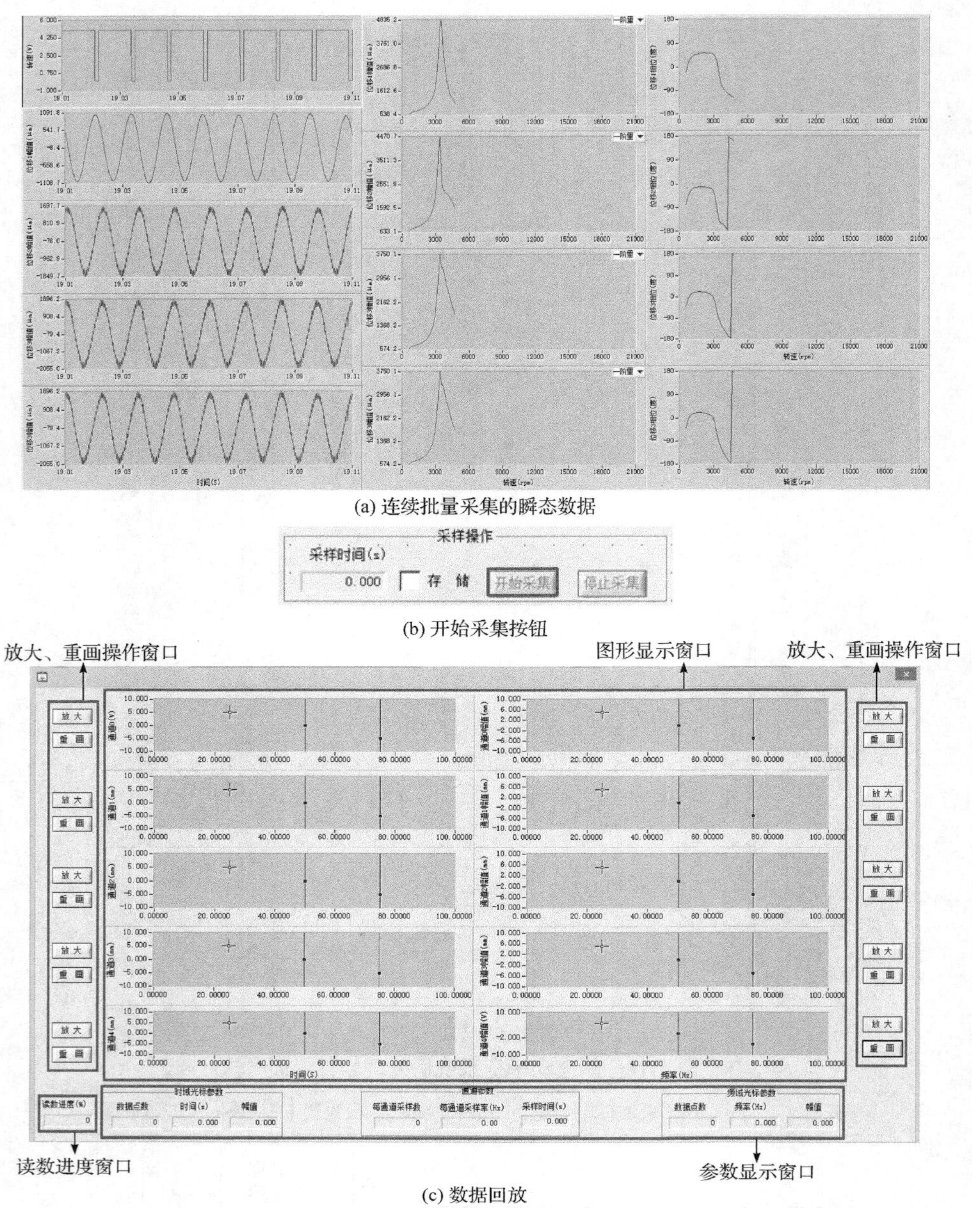

(a) 连续批量采集的瞬态数据

(b) 开始采集按钮

(c) 数据回放

图 5-20 前处理各模块的效果

前处理软件应实现原始响应的采集与实时监测，按需求进行通道选择、通道灵敏度参数设置、采样参数设置、系统维护等操作步骤，并可实现数据的存储以供后处理软件调用。同时也能实现数据回放以查看历史数据。瞬态动平衡软件系统与硬件系统通过 USB 连接，将硬件系统采集到的原始信号传输到前处理软件中，经软件内部分析与处理后以.dat 和.txt(.dat 是数据回放时的读取形式，.txt 是后处理软件的读取形式)形式存储。

5.2.3　后处理软件集成

后处理软件基于 Windows 平台，通过 Matlab GUI 集成软件界面。后处理软件集成了具有人机交互功能的主界面，能与系统硬件稳定高效地协同工作，用户无需了解软件内部算法的细节内容，只需配合硬件系统通过实时采集、显示和存储转子起车状态下的瞬态响应信号，并通过后处理模块计算出转子不平衡量大小和方位，从而给出平衡参考方案，以达到转子平衡自动化、可视化和智能化的效果。其各项功能由 M 程序实现，图 5-21 为后处理软件的流程逻辑图，而后以实验室单盘居中转子为例，对瞬态动平衡系统后处理软件进行具体介绍，图 5-22 为后处理各模块的效果。

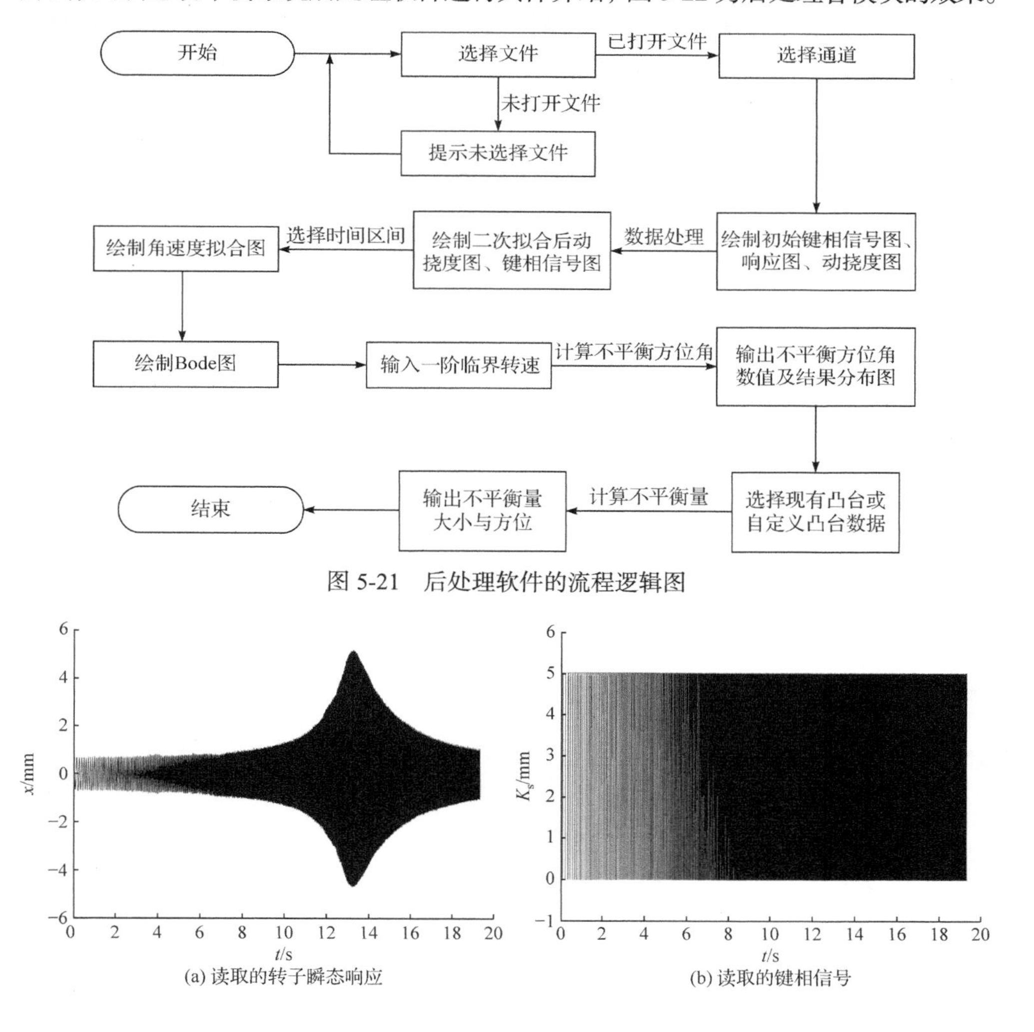

图 5-21　后处理软件的流程逻辑图

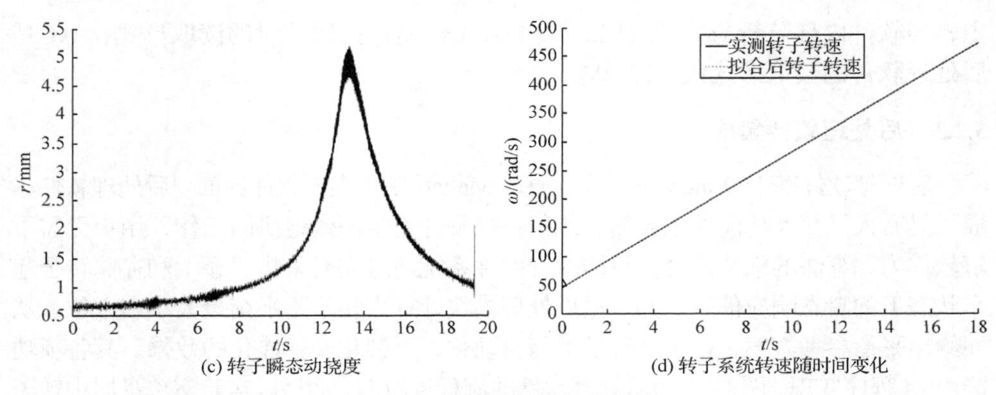

图 5-22　后处理各模块的效果

本章研制了瞬态动平衡系统，分别介绍了系统硬件、软件的各部分结构功能，完成了瞬态动平衡系统硬件的调试，验证了数据采集与存储的可靠性。

第 6 章　无试重瞬态高速动平衡方法在模拟转子上的试验

6.1　试验设备和步骤

6.1.1　模拟转子试验设备

无试重瞬态高速动平衡试验在 Bently RK4 转子试验台上进行，整个试验系统由转子系统部分(图 6-1)和数据采集与存储部分(图 5-1)组成。其中，转速控制箱和传感器接口箱为转子系统附带设备。传感器接口箱起到功率放大器的作用，转速控制箱有两大用途：①给传感器接口箱提供(18±0.8)V 的直流电源；②通过转速传感器输出的信号实现对转子运动状态的控制。该转子试验台能实现稳态、加

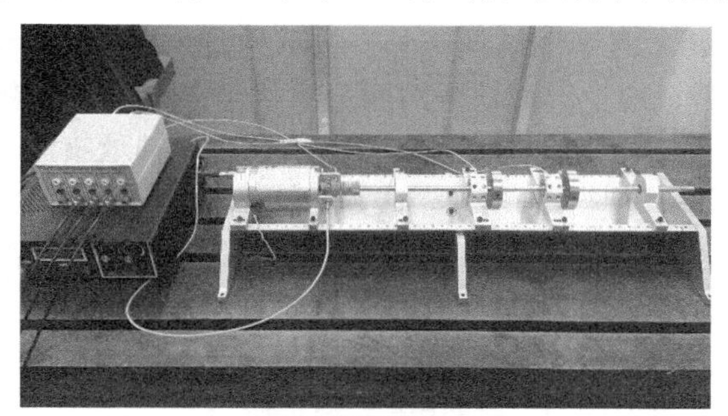

(a) 转子试验台

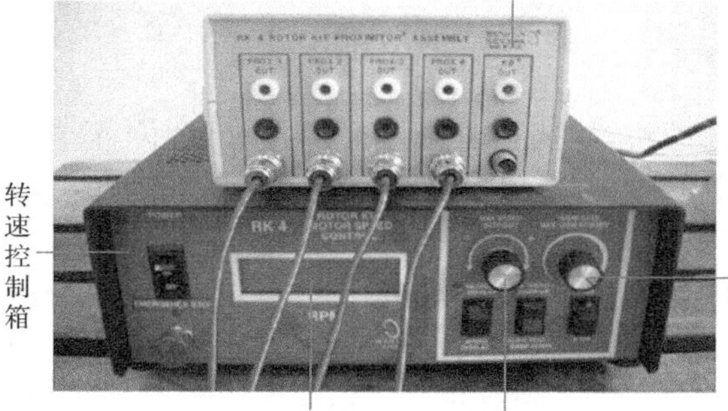

(b) 传感器接口箱和转速控制箱

图 6-1　Bently RK4 转子系统

速、减速等运行工况的模拟，可通过升速率控制旋钮来控制升速率或减速率的相对大小，同时可设定转子升速时的转速上限，转速控制箱的转速显示屏可实时显示转子的瞬时转速。

在试验过程中，数据采集与存储部分采用自主研制的瞬态动平衡系统。

1. 试验件的安装

试验件的安装分为两部分：①转子系统部分试验件的安装；②数据采集与存储部分的安装。

1) 转子系统部分试验件的安装

支承转子的两个支座置于 Bently RK4 转子试验台上，轴承座可以在试验台上前后移动。轴承座通过内六角螺栓固定在试验台上，其中心孔与电机右端联轴器中心在设备安装时就保证了对中精度要求，因此，每次试验前都不需要调心。

转子系统部分试验件的安装步骤如下：

(1) 清理试验现场，整理好安装工具。

(2) 将轴固定在联轴器上，同时，利用联轴器的内孔壁与轴相应配合部位通过内六角螺栓紧度配合。

(3) 按照实验室 3 种不同结构转子安装示意图，将特征盘移动到轴上的固定位置，同时，拧紧特征盘上对称放置的两个内六角螺栓，使得特征盘紧固在轴上。

(4) 将轴固定在两个轴承座上，同时调整好前后轴承座的轴向位置，拧紧轴承座上的内六角螺栓，使得轴承座固定在试验台上。

(5) 盘车检查，如试验件转动正常且没有发现其他异常情况，就完成了一次试验件安装，否则重新安装试验件直到满足要求为止。

2) 数据采集与存储部分的安装

将瞬态动平衡系统的输入端与转子系统传感器接口箱输出端用 BNC 接头连接，同时，系统输出端与计算机用 USB 接头连接。

2. 传感器的安装

联轴器端传感器的布置如图 6-2 所示。其中，转速传感器的信号不直接输出，而是输出到转速控制箱以控制转子的运行工况；键相信号传感器在转子转过一周时输出一个脉冲信号，用来获得转子系统的转速。同时，计算出的不平衡方位角为不平衡偏心相对键相槽的角度，键相信号在此有确定转子盘相位的作用。图 6-3 给出了某测点处起动过程中测得的键相信号。

对于旋转振动试验，需要同时测量互相垂直的两个方向，将其记为 X 和 Y。若已测得某测点处两个互相垂直方向上的瞬态响应分别为 $x(t)$和 $y(t)$，可求得转子的瞬态动挠度。但由于试验时轴的直径太小(10mm)，如果在同一位置布置水平传

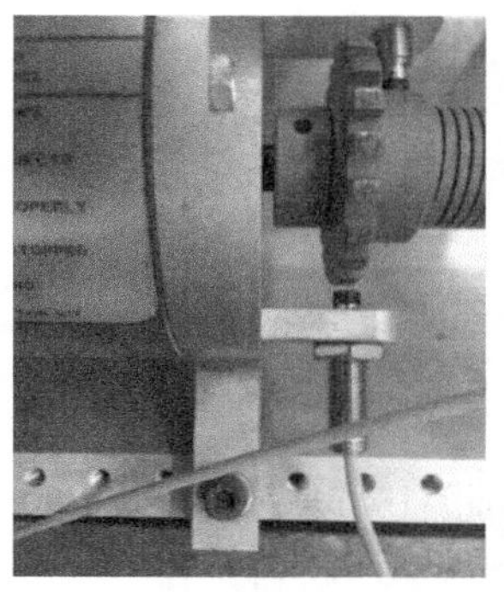

(a) 转速传感器

(b) 键相信号传感器

图 6-2　联轴器端传感器的布置

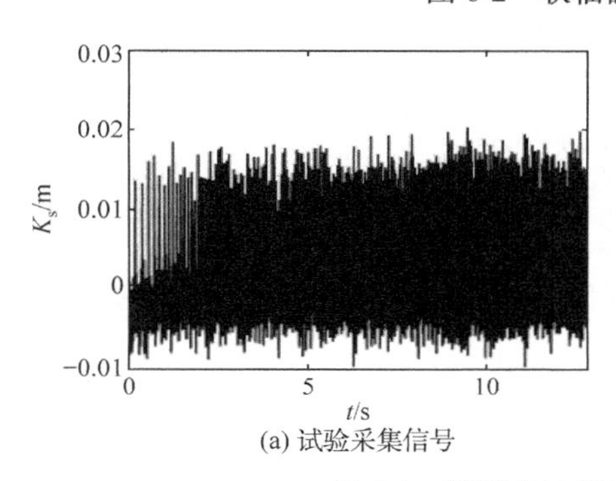

(a) 试验采集信号

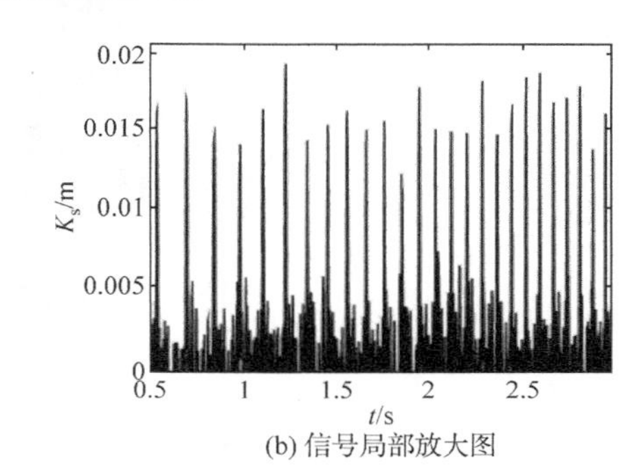

(b) 信号局部放大图

图 6-3　某测点处起动过程中测得的键相信号

感器和垂直传感器的距离太近，会对试验结果产生较大干扰。当水平传感器和垂直传感器的位置存在一定的距离时，两个传感器的干扰会消除，但此时测量的振动又不是同一测量面处的，按式(6-1)合成后的瞬态动挠度会产生更大的误差。因此试验在忽略转子各向异性的基础上，在每一测量点处各布置一个传感器，测量单方向上的瞬态振动，然后引入希尔伯特(Hilbert)变换来计算转子的瞬态动挠度。

希尔伯特变换求包络的原理如下，对于一个窄带信号 $u(t)=s(t)\cos\alpha(t)$ ，如果引入信号 $v(t)=s(t)\sin\alpha(t)$ ，将它们组成一个复信号：

$$p(t)=s(t)\cos\alpha(t)+\mathrm{i}s(t)\sin\alpha(t)=s(t)\mathrm{e}^{\mathrm{i}\alpha(t)} \tag{6-1}$$

这样就可以得到信号 $u(t)$的包络：

$$s(t)=\sqrt{u^2(t)+v^2(t)} \tag{6-2}$$

而 $v(t)$正好是 $u(t)$的希尔伯特变换结果：

$$v(t)=H\left[u(t)\right]=\frac{1}{\pi}\int_{-\infty}^{+\infty}\frac{u(\tau)}{t-\tau}\mathrm{d}\tau \tag{6-3}$$

具体到本试验，假定转子某测点处单方向的瞬态响应为 $x(t)$，在忽略各向异

性影响时，其瞬态动挠度 $r(t)$可表示为

$$r(t)=\sqrt{x^2(t)+\left\{H\left[x(t)\right]\right\}^2} \tag{6-4}$$

式中，$H[x(t)]$为 $x(t)$的希尔伯特变换。

图 6-4 为传感器在特征盘处的安装方式。图 6-5(a)为某次试验中转子 x 方向瞬态响应，图 6-5(b)为其经希尔伯特变换后得到的转子瞬态动挠度。

图 6-4　传感器在特征盘处的安装方式

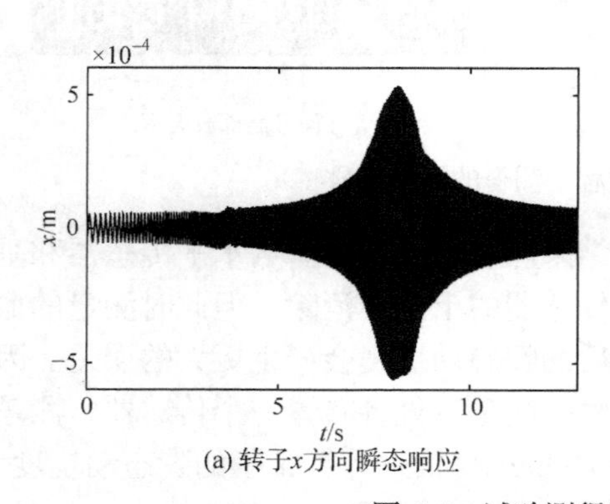

(a) 转子x方向瞬态响应

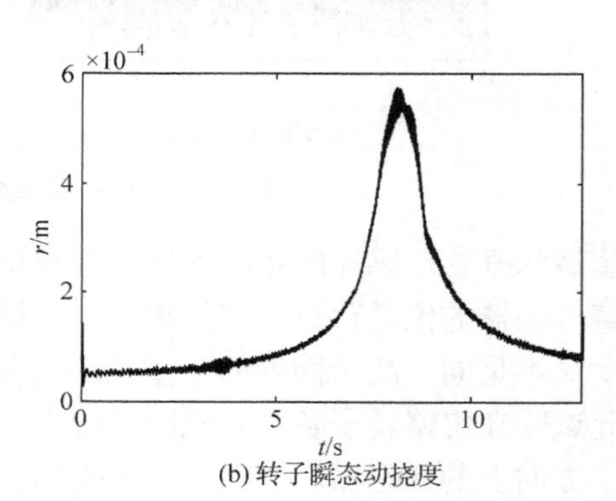

(b) 转子瞬态动挠度

图 6-5　试验测得转子系统的瞬态响应

传感器通过螺钉固定在支座上后，要检查传感器在支座上是否已固定好，传感器连线是否已接好，检查无误后要对传感器进行敲击测量，检验传感器是否能正常工作，直到满足要求为止。

3. 特征盘配重的添加方法

特征盘上距盘心 30mm 处周向均匀分布了 16 个 M5 的配重孔用来添加配重，配重为 M5 尼龙内六角螺钉，平衡配重的添加方式如图 6-6 所示。不平衡的本质是转子的质心偏离旋转中心，单位是 m∠°，但试验过程中需要通过配重孔中的附

加质量实现偏心调整，因此需将不平衡偏心的单位 m∠°换算成配重孔中不同角度的不平衡单位 g∠°。

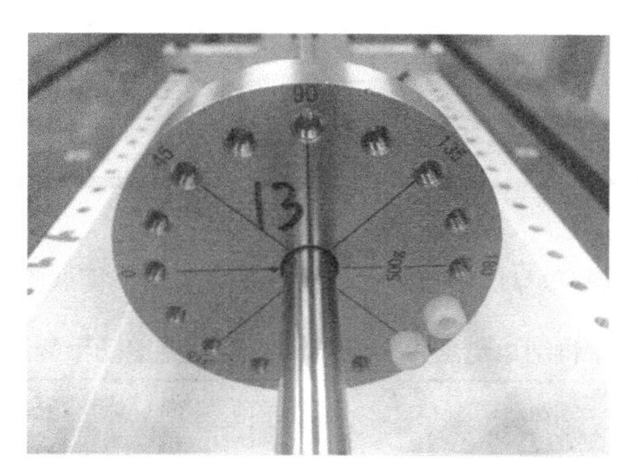

图 6-6　平衡配重添加

6.1.2　模拟转子试验步骤

(1) 按试验器操作规程，检查试验各项准备工作。

(2) 人工盘车检查转子组件是否运转正常。

(3) 若步骤(2)情况良好，则进行下一步操作，否则终止试验，重新进行装配或安装。

(4) 依次开启瞬态动平衡系统开关和转速控制箱开关，点击软件“开始采集”按钮，开车至参数限制值或额定工作转速时点击“停止采集”按钮，停车，记录整个升速过程的有关参数。

(5) 按试验器操作规程关闭系统开关和转速控制箱开关，试验结束。

6.2　平 衡 试 验

本试验共有四个特征盘可供选择，编号分别为 1、2、3、4，质量分别为 $m_1 = 0.480\text{kg}$、$m_2 = 0.482\text{kg}$、$m_3 = 0.473\text{kg}$、$m_4 = 0.485\text{kg}$。

6.2.1　本特利单盘居中转子无试重瞬态高速动平衡试验

本特利单盘居中转子无试重瞬态高速动平衡试验测试示意图如图 6-7 所示。图中，1 为转速传感器，2 为键相信号传感器，3 为单盘 x 方向振动测量传感器。转子弹性轴全长 $l = 560\text{mm}$，直径 $d = 10\text{mm}$，外伸端到两端轴承的距离同为 20mm，特征盘居中放置，直径 $D = 75\text{mm}$，厚度 $h = 15\text{mm}$。本特利单盘居中转子无试重瞬态高速动平衡试验结果如表 6-1 所示。

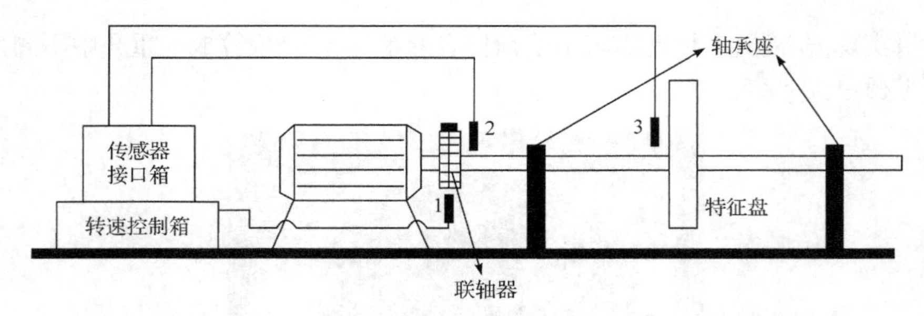

图 6-7　本特利单盘居中转子无试重瞬态高速动平衡试验测试示意图

表 6-1　本特利单盘居中转子无试重瞬态高速动平衡试验结果

起车时特征盘的状态	识别初始不平衡大小	平衡前动挠度峰值 /(10^{-4}m)	平衡后动挠度峰值 /(10^{-5}m)	振幅降低/%
无配重	1.30g∠218.15°	6.15	12.20	80.16
平衡后加配重 1.05g∠270°	1.22g∠269.27°	5.49	8.09	85.26

1. 平衡试验 1：特征盘上不添加配重

将升速率控制旋钮调到某一位置，同一次试验过程中使其位置保持不变，然后起动转子，通过瞬态动平衡系统来采集和存储试验数据，测得转子的瞬态响应如图 6-8 所示。

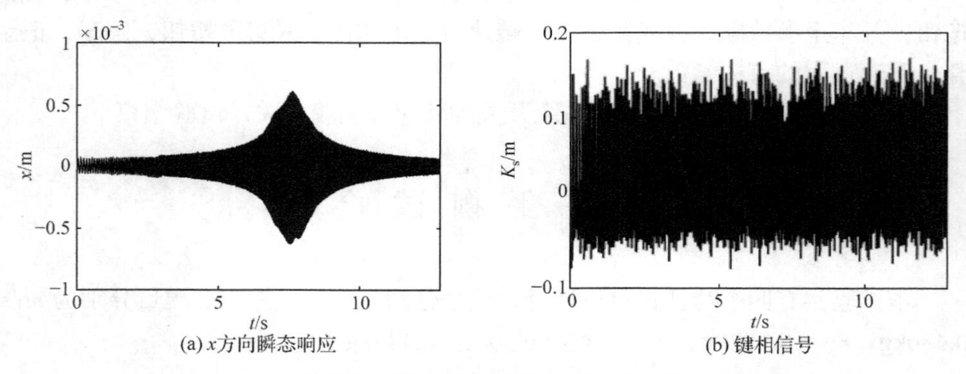

图 6-8　本特利单盘居中转子无配重动平衡试验瞬态响应

将图 6-8(a)和(b)中的数据导入瞬态动平衡系统后处理软件中，得到预处理后的转子系统试验数据如图 6-9 所示。通过图 6-9 可以得到该转子系统的起动加速度为 22.17rad/s^2，临界转速为 2154r/min。

将预处理后的试验数据导入动载荷识别程序，得到滤波前后该转子系统 x 方向的动载荷。选取临界转速前动载荷，在动载荷响应的每一个波动的极小值处取值，结合不平衡量识别程序，得到该转子系统的不平衡方位角如图 6-10 所示，其

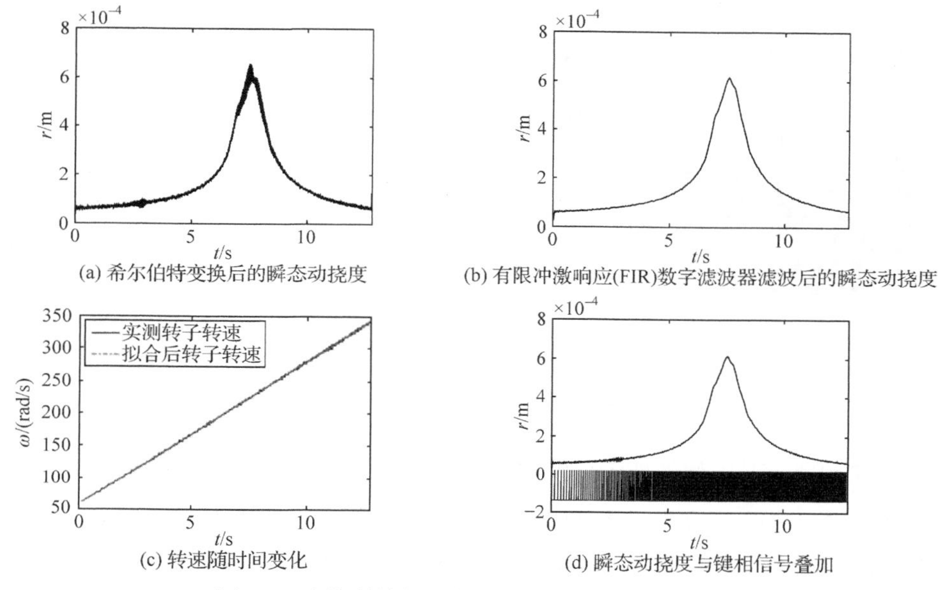

(a) 希尔伯特变换后的瞬态动挠度

(b) 有限冲激响应(FIR)数字滤波器滤波后的瞬态动挠度

(c) 转速随时间变化

(d) 瞬态动挠度与键相信号叠加

图 6-9　本特利单盘居中转子系统无配重试验响应

均值为 3.81rad，并得到该转子系统的不平衡大小为 8.15×10^{-5}m，则该转子的不平衡量为 1.30g∠218.15°。

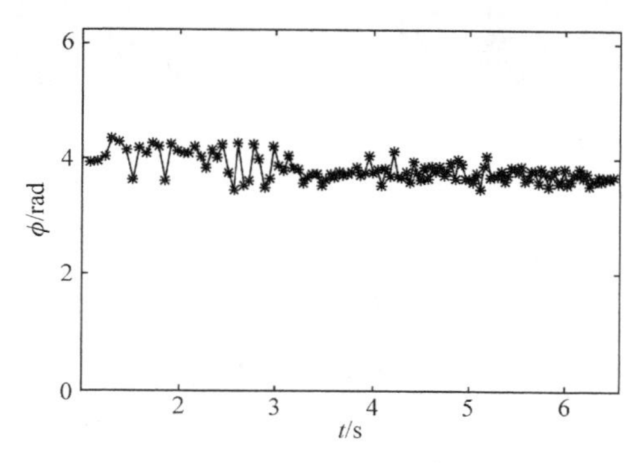

图 6-10　本特利单盘居中转子无配重试验识别出不平衡方位角

考虑到特征盘平衡配重施加位置，添加平衡配重应为

$$1.30\text{g}\angle 38.15^\circ = 0.92\text{g}\angle 45^\circ + 0.41\text{g}\angle 22.5^\circ$$

分别在特征盘 45°和 22.5°方向添加 0.92g 和 0.41g 的平衡螺钉，该转子添加配重示意图如图 6-11(a)所示，再次起动转子，得出平衡前后的瞬态动挠度如图 6-11(b)所示。平衡前转子动挠度的峰值为 6.15×10^{-4}m，平衡后转子动挠度的峰值为 1.22×10^{-4}m，振幅降低 80.16%。

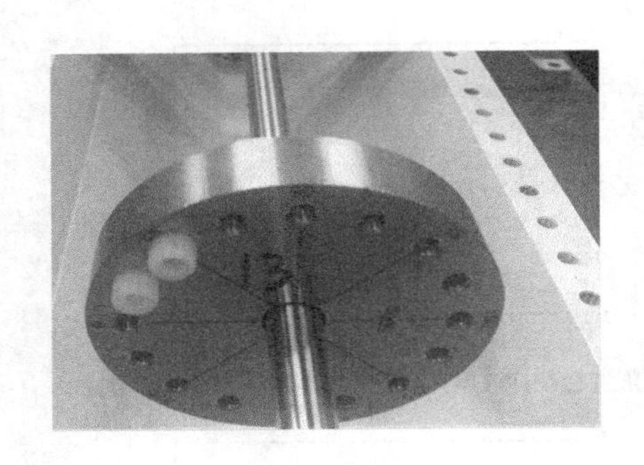

(a) 添加配重示意图

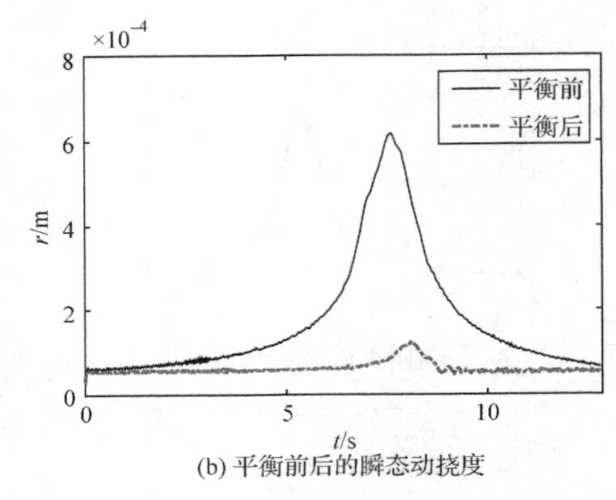

(b) 平衡前后的瞬态动挠度

图 6-11　本特利单盘居中转子无配重动平衡添加配重及平衡

2. 平衡试验 2：特征盘添加配重 1.05g∠270°

利用平衡试验 1 的识别结果对转子进行平衡后，特征盘再添加 1.05g∠270°的不平衡配重。再次起动转子，测得转子的瞬态响应如图 6-12 所示。

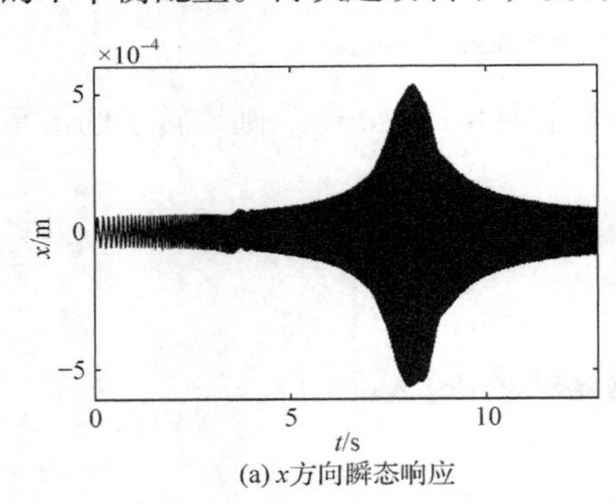

(a) x方向瞬态响应

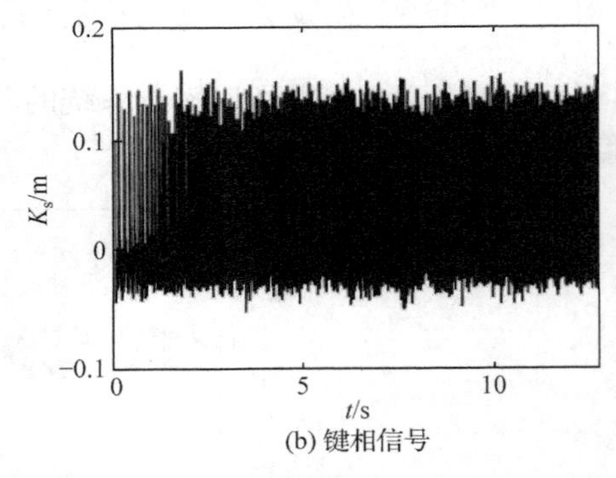

(b) 键相信号

图 6-12　本特利单盘居中转子添加配重动平衡试验瞬态响应

将图 6-12(a)和(b)中的数据导入瞬态动平衡系统后处理软件中，得到预处理后的转子系统试验数据如图 6-13 所示。通过图 6-13 可以得到该转子系统的起动加速度为 23.46rad/s^2，临界转速为 2184r/min。

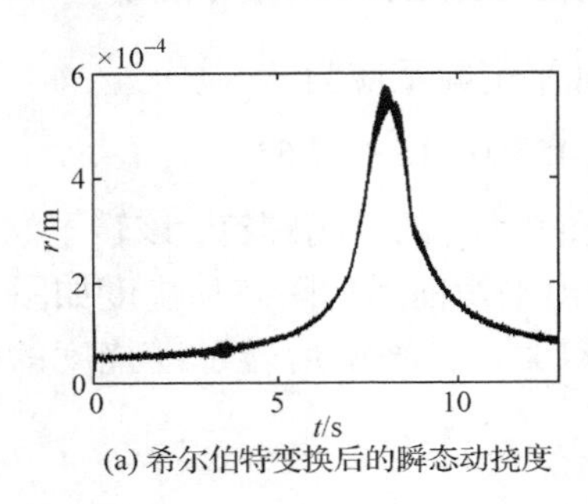

(a) 希尔伯特变换后的瞬态动挠度

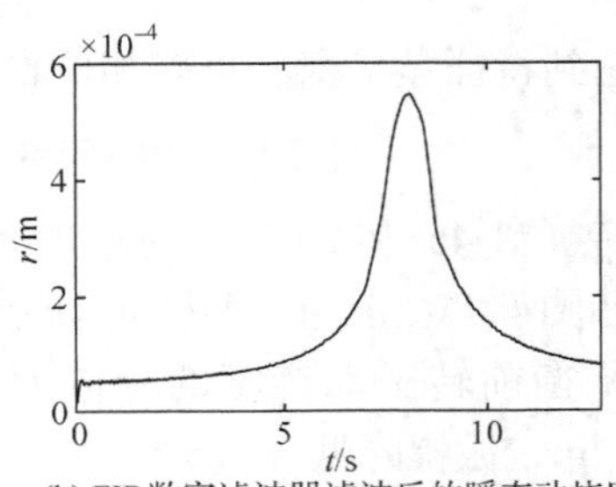

(b) FIR数字滤波器滤波后的瞬态动挠度

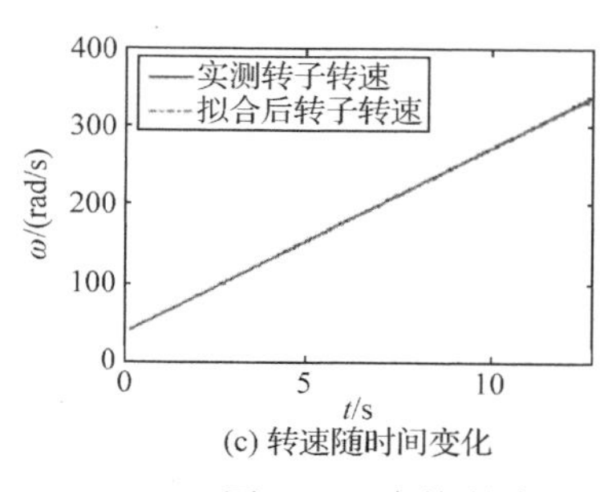

(c) 转速随时间变化

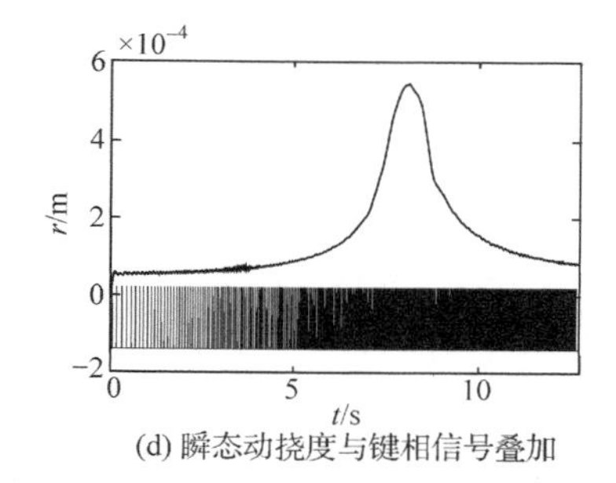

(d) 瞬态动挠度与键相信号叠加

图 6-13　本特利单盘居中转子系统添加配重试验响应

将预处理后的试验数据导入动载荷识别程序，得到滤波前后该转子系统 x 方向的动载荷。在临界转速前的动载荷中每一个波动的极小值处取值，结合不平衡量识别程序，得到该转子系统的不平衡方位角如图 6-14 所示，其均值为 4.70rad，并得到该转子系统的不平衡大小为 7.64×10^{-5}m，则该转子的不平衡量为 1.22g∠269.27°，与前期附加的 1.05g∠270°非常接近。

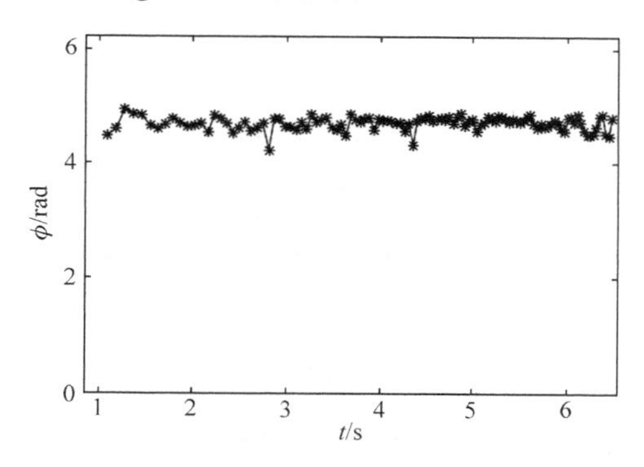

图 6-14　本特利单盘居中转子添加配重试验识别出不平衡方位角

根据平衡配重施加位置，在转子上加平衡配重为

$$1.22\text{g}\angle 89.27^\circ = 1.18\text{g}\angle 90^\circ + 0.04\text{g}\angle 67.5^\circ$$

需要分别在特征盘 90°和 67.5°方向添加 1.18g 和 0.04g 的平衡螺钉，但由于 67.5°方向平衡配重为 0.04g，质量过小可忽略不计，因此只在特征盘 90°方向添加 1.18g 平衡螺钉。再次起动转子，得出平衡前后转子的瞬态响应如图 6-15 所示。平衡前转子动挠度的峰值为 5.49×10^{-4}m，平衡后转子动挠度的峰值为 8.09×10^{-5}m，振幅降低 85.26%。

6.2.2　本特利单盘悬臂转子无试重瞬态高速动平衡试验

本特利单盘悬臂转子无试重瞬态高速动平衡试验测试示意图如图 6-16 所示。图中，1 为转速传感器，2 为键相信号传感器，3 为单盘 x 方向振动测量传感器。

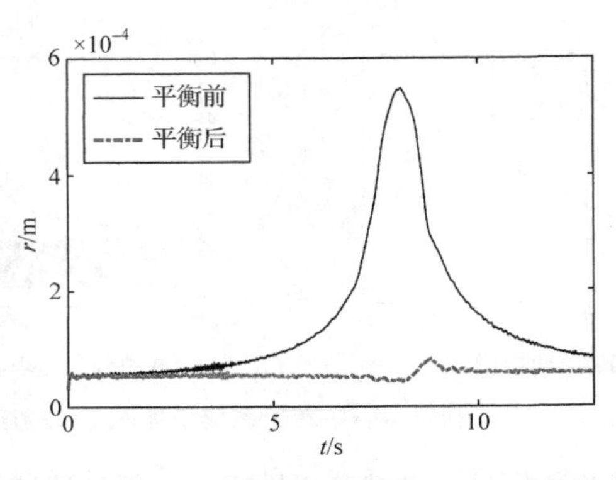

图 6-15　本特利单盘居中转子添加配重试验平衡前后的瞬态响应

转子弹性轴全长 l = 560mm，直径 d = 10mm，l_1 = 120mm，l_2 = 345mm，l_3 = 80mm，特征盘在轴右端悬臂放置。本特利单盘悬臂转子无试重瞬态高速动平衡试验结果如表 6-2 所示。

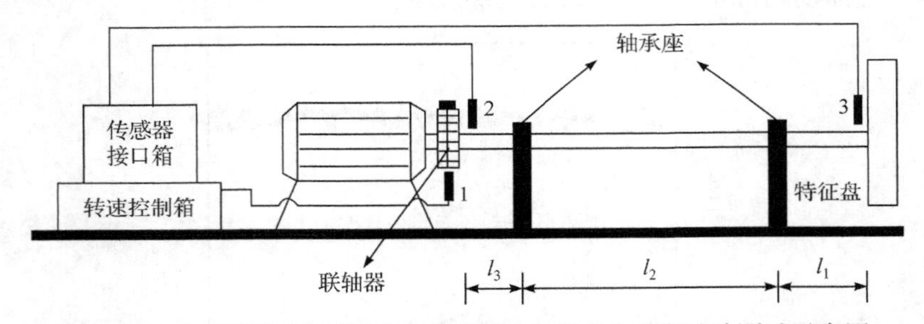

图 6-16　本特利单盘悬臂转子无试重瞬态高速动平衡试验测试示意图

表 6-2　本特利单盘悬臂转子无试重瞬态高速动平衡试验结果

起车时特征盘的状态	识别初始不平衡大小	平衡前动挠度峰值 /(10^{-4}m)	平衡后动挠度峰值 /(10^{-4}m)	振幅降低 /%
无配重	1.50g∠114.72°	4.330	1.129	73.93
平衡后加配重 1.67g∠90°	1.63g∠108.78°	5.394	1.545	71.36

1. 平衡试验 1：特征盘上不添加配重

将升速率控制旋钮调到某一位置，同一次试验过程中使其位置保持不变，然后起动转子，通过瞬态动平衡系统来采集和存储试验数据，测得转子的瞬态响应如图 6-17 所示。

将图 6-17(a)和(b)中的数据导入瞬态动平衡系统后处理软件中，得到预处理后的转子系统试验数据如图 6-18 所示。通过图 6-18 可以得到该转子系统的起动加速度为 23.09rad/s^2，临界转速为 2240r/min。

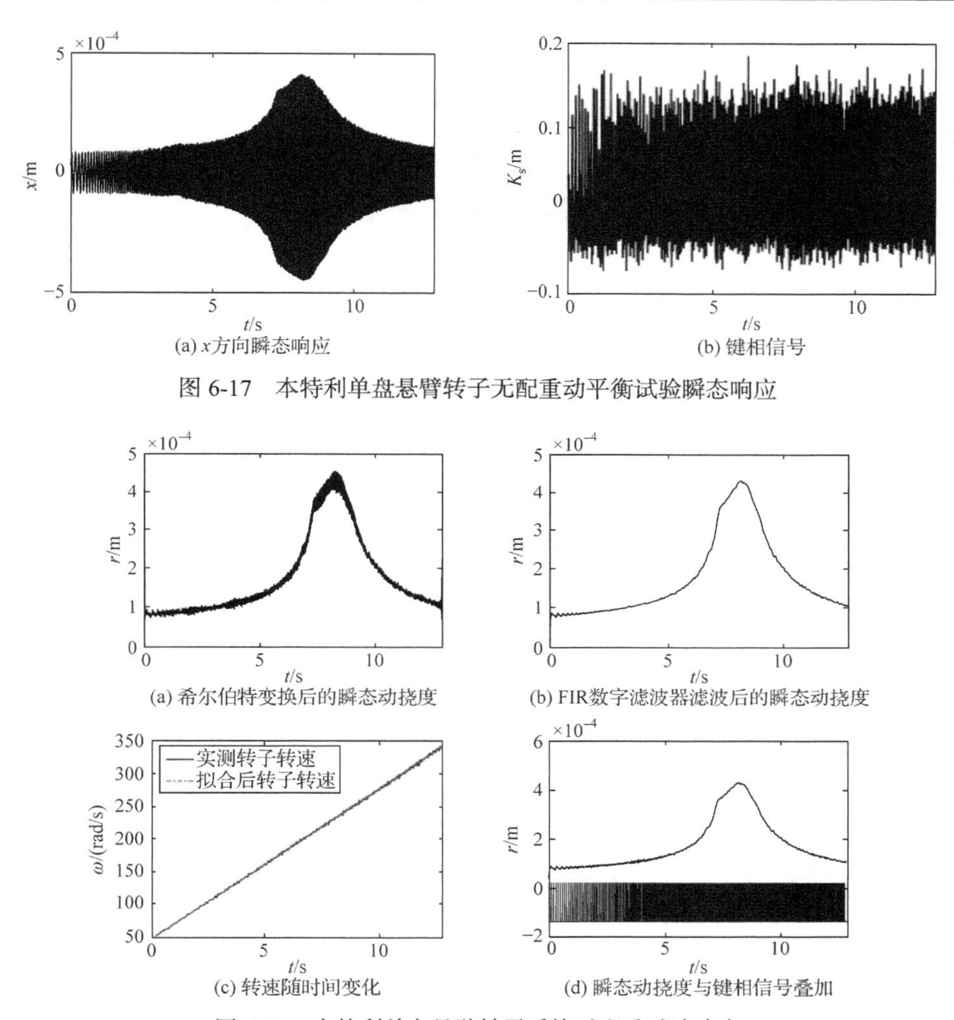

(a) x方向瞬态响应　(b) 键相信号

图 6-17　本特利单盘悬臂转子无配重动平衡试验瞬态响应

(a) 希尔伯特变换后的瞬态动挠度　(b) FIR数字滤波器滤波后的瞬态动挠度

(c) 转速随时间变化　(d) 瞬态动挠度与键相信号叠加

图 6-18　本特利单盘悬臂转子系统无配重试验响应

将预处理后的试验数据导入动载荷识别程序，得到滤波前后该转子系统 x 方向的动载荷。在临界转速前的动载荷中每一个波动的极小值处取值，结合不平衡量识别程序，得到该转子系统的不平衡方位角如图 6-19 所示，其均值为 2.00rad，并得到该转子系统的不平衡大小为 9.40×10^{-5}m，则该转子的不平衡量为 1.50g∠114.72°。

根据平衡配重施加位置，在转子上添加平衡配重应为

$$1.50\text{g}\angle 294.72° = 1.36\text{g}\angle 292.5° + 0.15\text{g}\angle 315°$$

在特征盘 292.5°和 315°方向的孔内分别添加 1.36g 和 0.15g 的平衡螺钉，再次起动转子，得出平衡前后转子的瞬态响应如图 6-20 所示。平衡前转子动挠度的峰值为 4.33×10^{-4}m，平衡后转子动挠度的峰值为 1.13×10^{-4}m，振幅降低 73.90%。

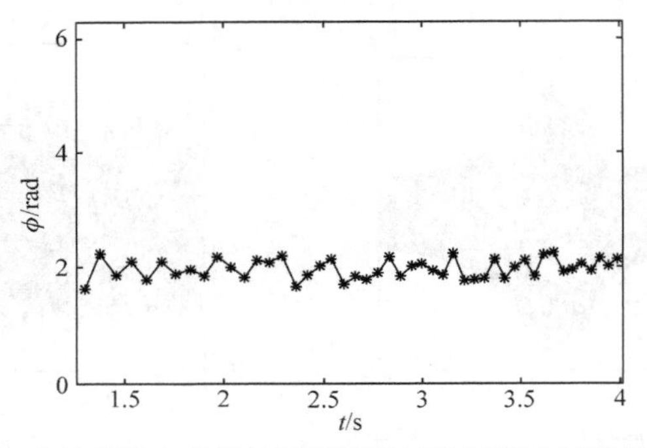

图 6-19　本特利单盘悬臂转子无配重试验识别出不平衡方位角

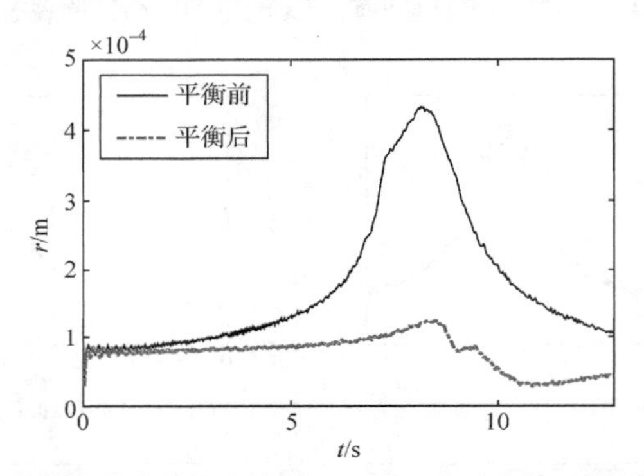

图 6-20　本特利单盘悬臂转子无配重试验平衡前后的瞬态响应

2. 平衡试验 2：特征盘添加配重 1.67g∠90°

利用平衡试验 1 的识别结果对转子进行平衡后，给特征盘添加 1.67g∠90°的不平衡配重。再次起动转子，测得转子的瞬态响应如图 6-21 所示。将图 6-21(a)和(b)中的数据导入瞬态动平衡系统后处理软件中，得到预处理后的转子系统试验数据如图 6-22 所示。通过图 6-22 可以得到该转子系统的起动加速度为 22.82rad/s^2，临界转速为 2238r/min。

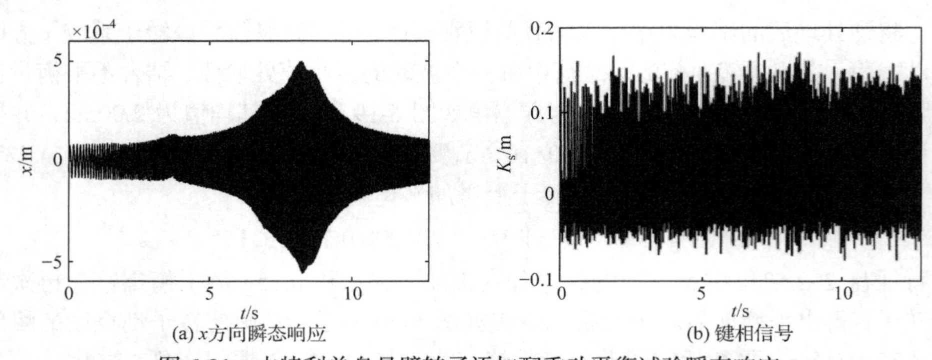

图 6-21　本特利单盘悬臂转子添加配重动平衡试验瞬态响应

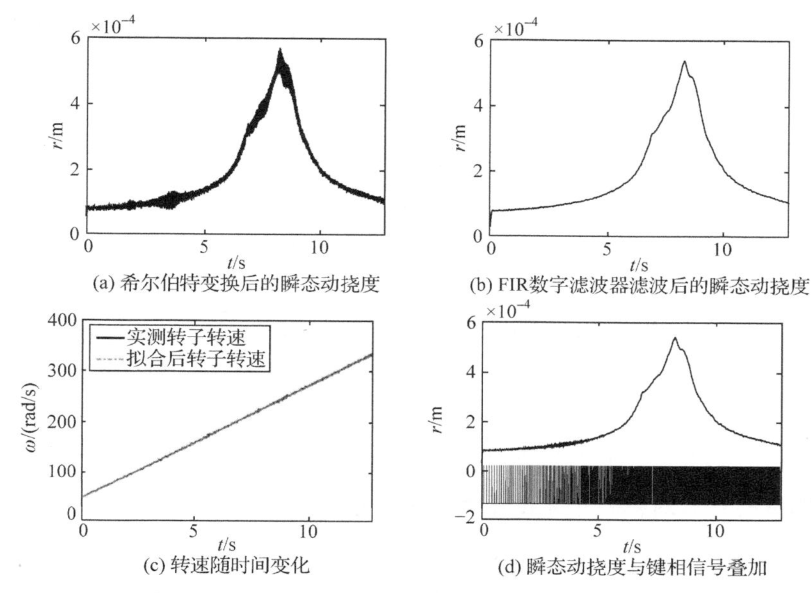

图 6-22　本特利单盘悬臂转子系统添加配重试验响应

将预处理后的试验数据导入动载荷识别程序，得到滤波前后该转子系统 x 方向的动载荷。在临界转速前的动载荷中每一个波动的极小值处取值，结合不平衡量识别程序，得到该转子系统的不平衡方位角如图 6-23 所示，其均值为 1.90rad，并得到该转子系统的不平衡大小为 1.02×10^{-4}m，则该转子的不平衡量为 1.63g∠108.78°，与前期添加配重相比，角度略有不同。

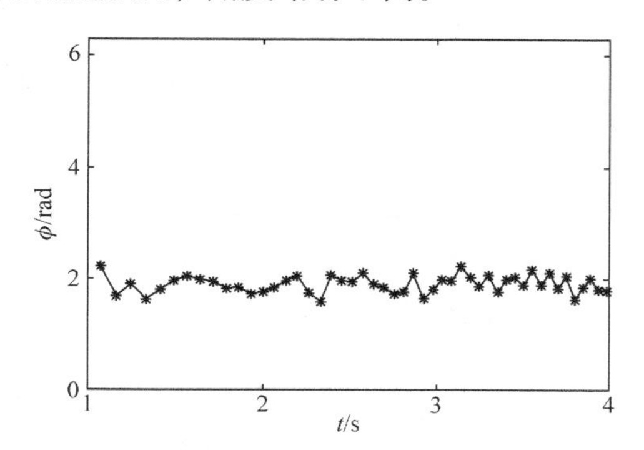

图 6-23　本特利单盘悬臂转子添加配重试验识别出不平衡方位角

根据平衡配重施加位置，在转子上加平衡配重为

$$1.63\text{g}\angle 288.78°=1.41\text{g}\angle 292.5°+0.24\text{g}\angle 270°$$

在特征盘 292.5°和 270°方向的孔内分别添加 1.41g 和 0.24g 的平衡螺钉，再次起动转子，得出平衡前后转子的瞬态响应如图 6-24 所示。平衡前转子动挠度的峰值

为 5.39×10⁻⁴m，平衡后转子动挠度的峰值为 1.55×10⁻⁴m，振幅降低 71.24%。

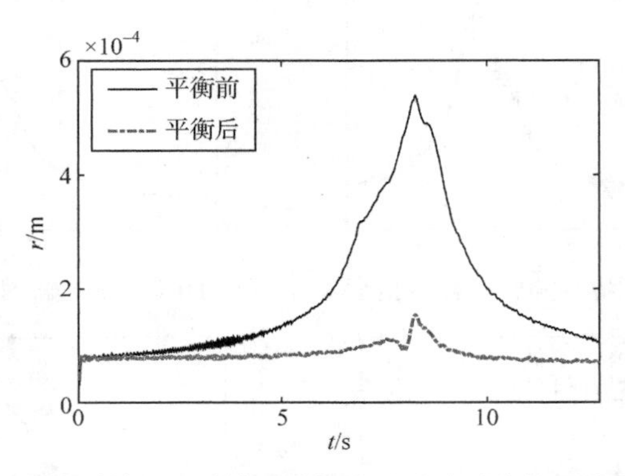

图 6-24　本特利单盘悬臂转子添加配重试验平衡前后的瞬态响应

6.2.3　本特利双盘对称转子无试重瞬态高速动平衡试验

本特利双盘对称转子无试重瞬态高速动平衡试验测试示意图如图 6-25 所示。图中，1 为转速传感器，2 为键相信号传感器，3 为特征盘Ⅰ在 x 方向振动测量传感器，4 为特征盘Ⅱ在 x 方向振动测量传感器。转子弹性轴全长 $l = 560$mm，直径 $d = 10$mm，$l_1 = l_5$=50mm，$l_2 = l_4$=150mm，$l_3 = 130$mm；盘的直径 $D_1 = D_2 = 75$mm，厚度 $h_1 = h_2 = 15$mm，两特征盘居中放置。本特利双盘对称转子无试重瞬态高速动平衡试验结果如表 6-3 所示。

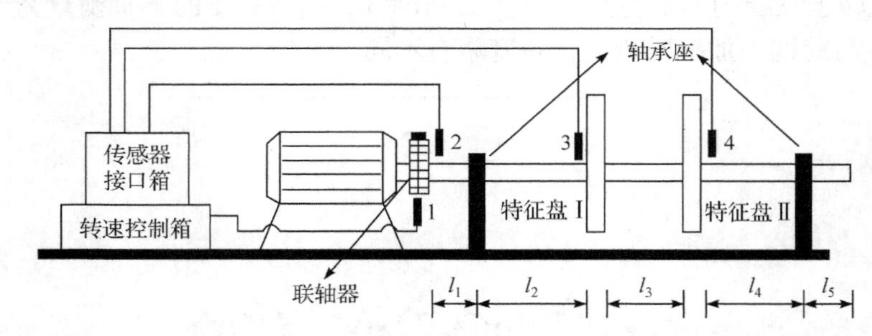

图 6-25　本特利双盘对称转子无试重瞬态高速动平衡试验测试示意图

表 6-3　本特利双盘对称转子无试重瞬态高速动平衡试验结果

特征盘号	起车时特征盘的状态	识别初始不平衡大小	平衡前动挠度峰值/(10^{-4}m)	平衡后动挠度峰值/(10^{-5}m)	振幅降低/%
Ⅰ	初始状态	0.84g∠187.36°	2.802	6.897	75.39
Ⅱ	初始状态	0.81g∠208.13°	2.814	9.957	64.62

将升速率控制旋钮调到某一位置，同一次试验过程中使其位置保持不变，然

后起动转子，通过瞬态动平衡系统来采集和存储试验数据，测得转子的瞬态响应如图 6-26 和图 6-27 所示。

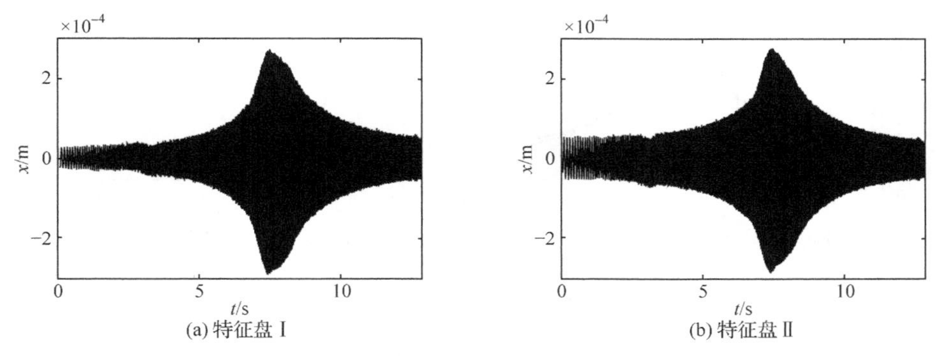

(a) 特征盘 Ⅰ　　(b) 特征盘 Ⅱ

图 6-26　本特利双盘对称转子 x 方向的瞬态响应

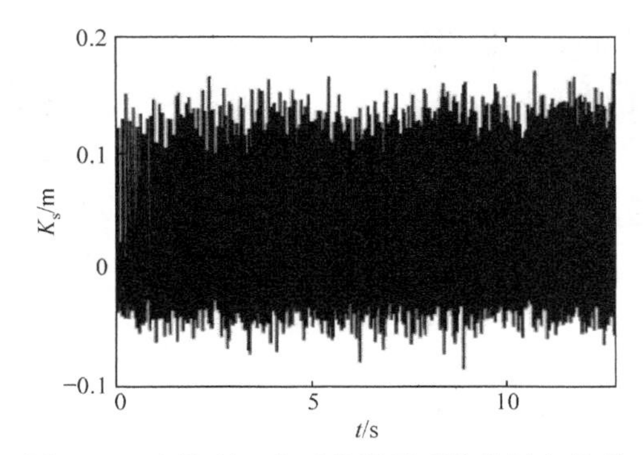

图 6-27　本特利双盘对称转子系统的键相信号

将图 6-26 和图 6-27 中的数据导入无试重转子系统不平衡量的识别程序中，得到预处理后的转子系统试验数据如图 6-28 所示。通过图 6-28 可以得到该转子系统的起动加速度为 23.88rad/s^2，则特征盘 Ⅰ 的临界转速为 2242r/min；特征盘 Ⅱ 的临界转速为 2222r/min。

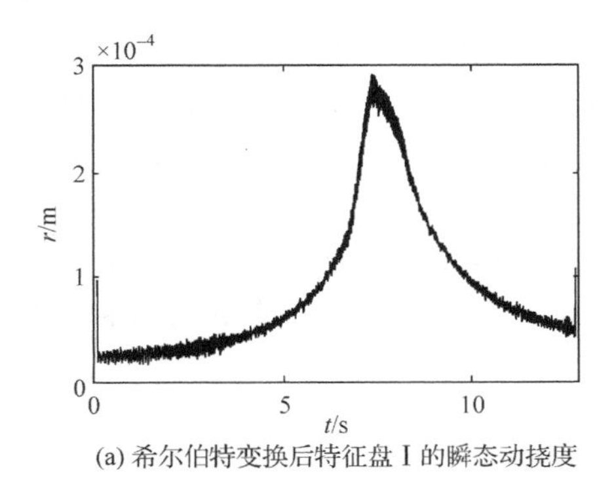

(a) 希尔伯特变换后特征盘 Ⅰ 的瞬态动挠度

(b) FIR数字滤波器滤波后特征盘 Ⅰ 的瞬态动挠度

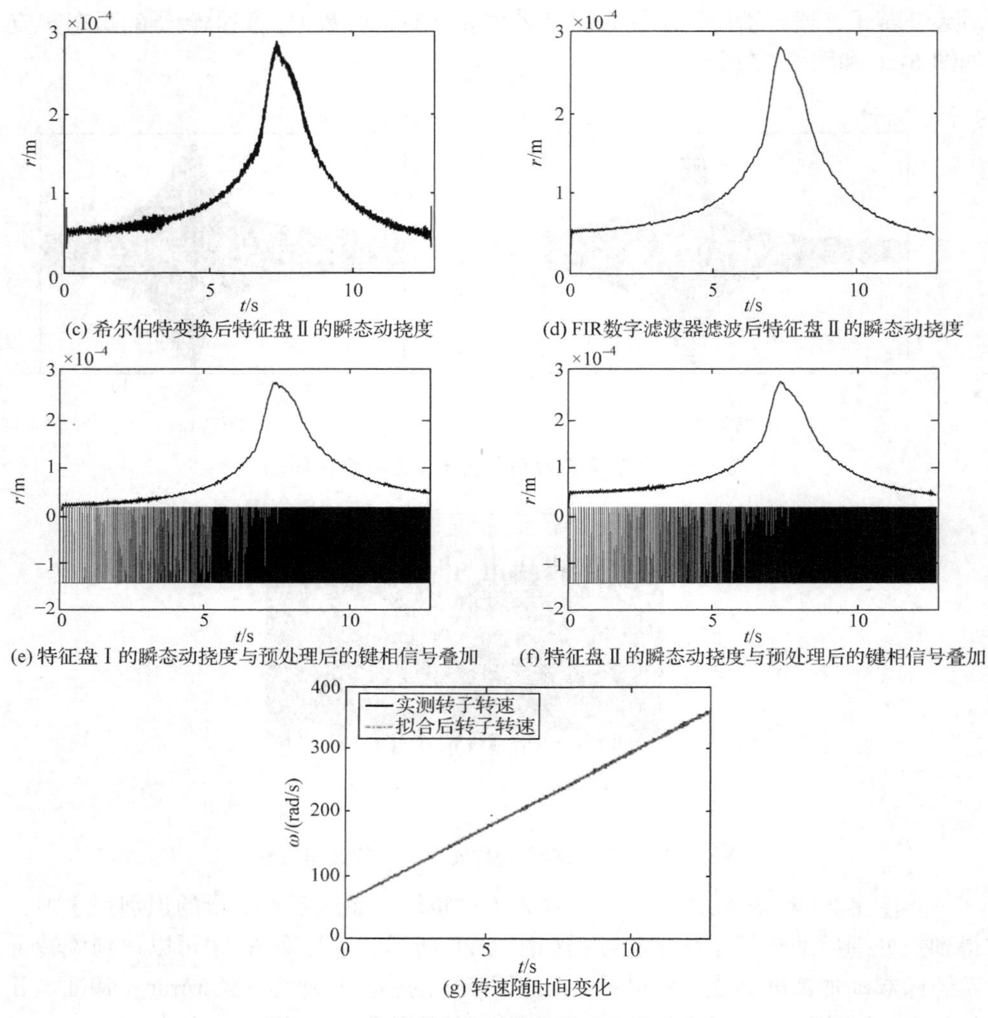

(c) 希尔伯特变换后特征盘Ⅱ的瞬态动挠度　(d) FIR数字滤波器滤波后特征盘Ⅱ的瞬态动挠度

(e) 特征盘Ⅰ的瞬态动挠度与预处理后的键相信号叠加　(f) 特征盘Ⅱ的瞬态动挠度与预处理后的键相信号叠加

(g) 转速随时间变化

图 6-28　本特利双盘对称转子系统试验响应

将预处理后的转子系统试验数据导入动载荷识别程序，得到滤波前后该转子系统特征盘Ⅰ和特征盘Ⅱx方向的动载荷。在滤波后临界转速前的动载荷中每一个波动的极小值处取值，结合不平衡量识别程序，得到该转子系统特征盘Ⅰ和特征盘Ⅱ的不平衡方位角如图 6-29 所示，其均值分别为 3.27rad 和 3.63rad，并得到该转子系统特征盘Ⅰ和特征盘Ⅱ的不平衡大小分别为 5.23×10^{-5}m 和 5.01×10^{-5}m。因此，该转子系统特征盘Ⅰ的不平衡量为 0.84g∠187.36°；特征盘Ⅱ的不平衡量为 0.81g∠208.13°。

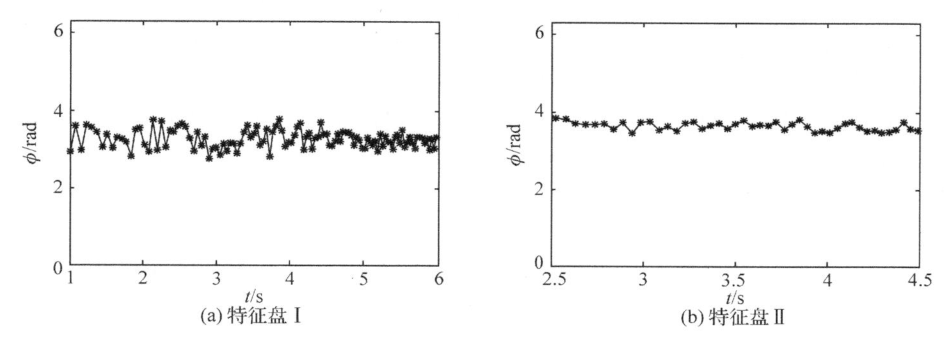

(a) 特征盘 I　(b) 特征盘 II

图 6-29　本特利双盘对称转子识别出不平衡方位角

根据平衡配重施加位置，在特征盘 I 上添加平衡配重为

$$0.84\text{g}\angle 7.36^\circ = 0.57\text{g}\angle 0^\circ + 0.28\text{g}\angle 22.5^\circ$$

在特征盘 II 上添加平衡配重为

$$0.81\text{g}\angle 28.13^\circ = 0.61\text{g}\angle 22.5^\circ + 0.21\text{g}\angle 45^\circ$$

在特征盘 I 上 0°和 22.5°方向的孔内分别添加 0.57g 和 0.28g 的平衡螺钉；在特征盘 II 上 22.5°和 45°方向的孔内分别添加 0.61g 和 0.21g 的平衡螺钉。再次起动转子，得出平衡前后转子系统特征盘 I 和特征盘 II 的瞬态响应如图 6-30 所示。平衡前特征盘 I 的动挠度峰值为 2.80×10^{-4}m，平衡后特征盘 I 的动挠度峰值为 6.90×10^{-5}m，振幅降低 75.36%；平衡前特征盘 II 的动挠度峰值为 2.81×10^{-4}m，平衡后特征盘 II 的动挠度峰值为 9.96×10^{-5}m，振幅降低 64.56%。

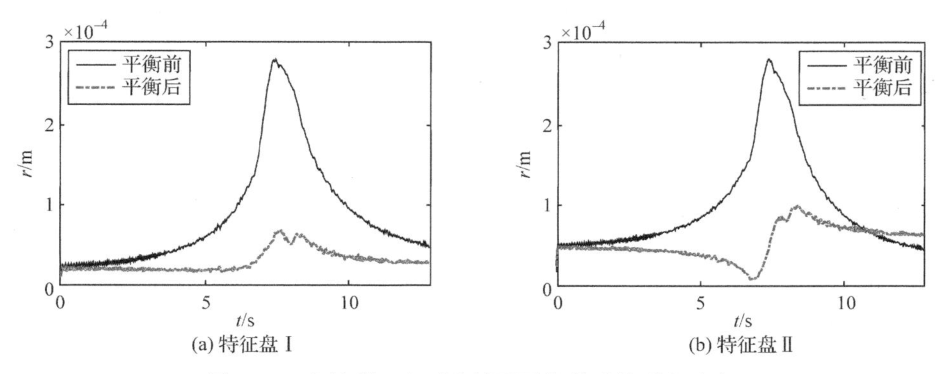

(a) 特征盘 I　(b) 特征盘 II

图 6-30　本特利双盘对称转子平衡前后的瞬态响应

本章在 Bently RK4 转子试验台上对三种结构形式的模拟转子的无试重瞬态高速动平衡进行试验研究。结论如下：

(1) 无试重瞬态高速动平衡方法在实验室单盘居中转子上的平衡效果(转子动挠度减小幅度)能够达到 60%以上，最大能够达到 85.26%。

(2) 无试重瞬态高速动平衡方法在实验室单盘悬臂转子上的平衡效果能够达到 60%以上，最大能够达到 73.93%。

(3) 无试重瞬态高速动平衡方法在实验室双盘对称转子上的平衡效果能够达到 55%以上，最大能够达到 75.39%。

第 7 章　无试重瞬态高速动平衡方法在涡轴发动机动力涡轮转子上的应用

在研制转子瞬态动平衡系统后，需要在真实的航空发动机转子上进行无试重瞬态高速动平衡(简称瞬态动平衡)试验，以验证方法的有效性和工程应用的可行性。因此，本章以某型涡轴发动机超两阶弯曲临界转速的动力涡轮转子为对象，深入地开展瞬态动平衡试验研究。

7.1　涡轴发动机动力涡轮转子简介

涡轴发动机动力涡轮转子是一个带细长轴的柔性转子，该转子具有空心、薄壁、大长径比、带弹性支承和挤压油膜阻尼器、传动轴内孔安装测扭基准轴、两级动力涡轮盘置于转子一端的结构特点。某型涡轴发动机采用了前输出轴方案，这种结构方案可使发动机结构紧凑、功重比提高，但导致动力涡轮转子轴细长，动力涡轮转子三维模型结构示意图如图 7-1 所示，转子工作在超两阶弯曲临界转速之上[32,89-98]。

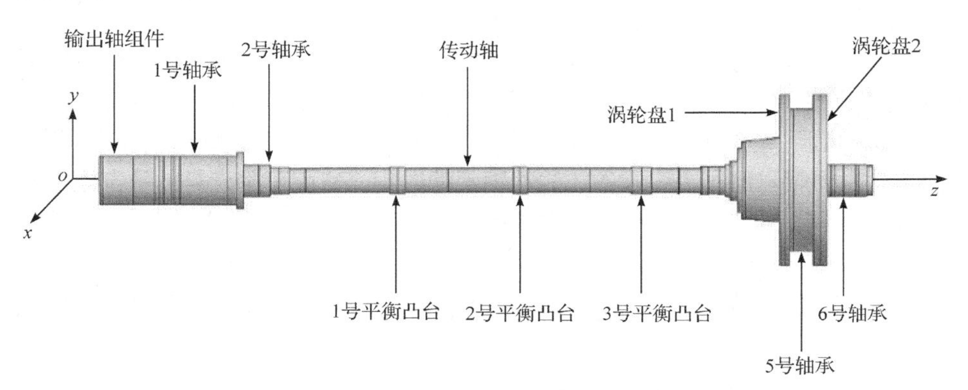

图 7-1　动力涡轮转子三维模型结构示意图

动力涡轮转子不平衡量引起的振动是发动机振动的重要来源。要减小转子不平衡量引起的振动，一方面是改进加工工艺，提高加工精度，减小初始不平衡量；另一方面是对转子进行良好的动平衡。实际上，现有加工工艺水平条件下，平衡已是减小发动机振动的最有效手段。超两阶弯曲临界转速发动机转子高速动平衡技术的难度主要体现在以下几个方面：

(1) 振型引起的附加不平衡量较大。

(2) 传动轴上没有预留加试配重和平衡配重的位置，在设置平衡面时有局限性，并且平衡转速高，在高转速下实施平衡操作有一定的风险。

(3) 传动轴内外壁同轴度的加工精度难以保证，初始不平衡量难以控制，并且在平衡过程中，需要考虑如何在有效地去掉传动轴上不平衡量的同时又不对轴造成任何形式的破坏。

(4) 动力涡轮转子在工作时，随着转速的变化，传动轴和测扭基准轴之间的相对扭角会发生变化，导致传动轴的不平衡量与测扭基准轴的不平衡量之间的相对位置也发生变化。

动力涡轮转子工作在超两阶弯曲临界转速之上，与其他转子的高速动平衡试验相比，该转子的平衡具有以下明显的特点：

(1) 传动轴是一个空心薄壁结构的细长柔性轴，对不平衡量十分敏感，控制传动轴的不平衡量是平衡的关键，并且其不平衡量的大小和相位可以借助平衡辅助工具——平衡卡箍来精确确定。

(2) 传动轴的材料为高温合金(GH4169)，硬度较大，给在轴上打磨去材料带来较大的困难。在传动轴上打磨去材料，需要操作者具有娴熟的技术和丰富的实际经验，如稍有不慎就可能对轴造成机械损伤，留下安全隐患，甚至带来极为严重的后果。

(3) 转子工作在超两阶弯曲临界转速之上，导致振型引起的附加不平衡量较大，克服振型引起的不平衡是平衡工作的一个重要特点。

(4) 转子在大多数工作情况下要满足平衡精度要求，必须在额定工作转速下进行平衡，平衡转速超过 20000r/min，并且平衡只能在规定的 4 个平衡面(1、2、3 号平衡凸台和涡轮盘 1)上进行，1、2、3 号平衡凸台的可去除材料量非常有限。

(5) 挤压油膜阻尼器等引起的非线性因素的影响，造成理论计算的平衡配重和实际需加的平衡配重有一定的差别，需要凭借操作者的经验才可达到满意的效果。

7.2 动力涡轮转子无试重瞬态高速动平衡试验设备和步骤

7.2.1 动力涡轮转子无试重瞬态高速动平衡试验设备

动力涡轮转子的瞬态动平衡试验在卧式高速旋转试验器上进行。整个试验器由高速端和低速端组成，高速端和低速端分别由一台 400kW 的直流电机驱动。它们具有自己的增速系统、支承系统和真空系统(为防止驱动马达过载并提供安全保护罩)。控制系统和测试系统共同用于动力涡轮转子上，试验件的滑油为 8 号和

20 号航空润滑油按一定比例的混合油。高速端和低速端设计转速均满足动力涡轮转子的试验需要。涡轴发动机动力涡轮转子无试重瞬态高速动平衡试验框图如图 7-2 所示。

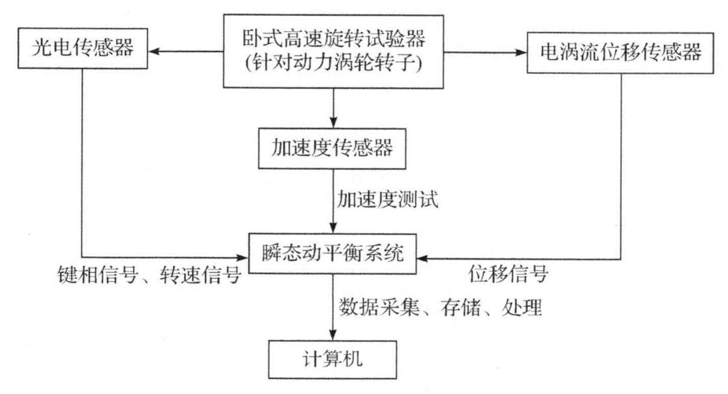

图 7-2　涡轴发动机动力涡轮转子无试重瞬态高速动平衡试验框图

整个试验系统由转子系统和无试重瞬态高速动平衡系统组成，动力涡轮转子的安装及测试示意图如图 7-3 所示。

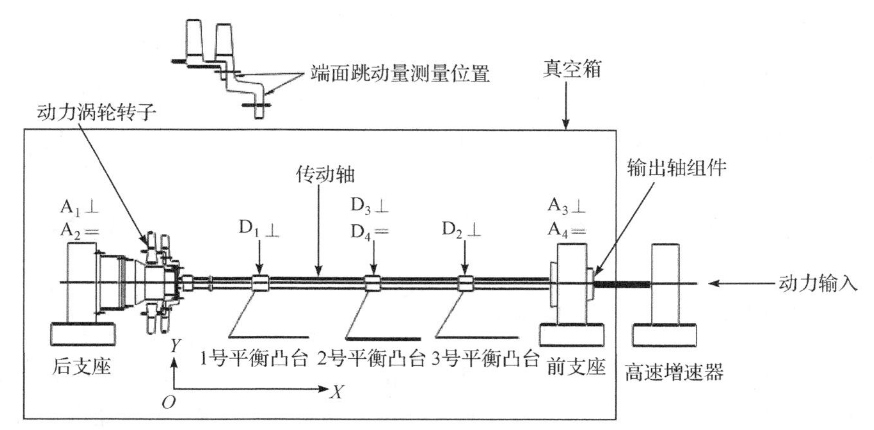

图 7-3　动力涡轮转子的安装及测试示意图

在无试重瞬态高速动平衡试验过程中，需要测量转子挠度、两个支座的振动加速度和转速。转子挠度由 4 个电涡流位移传感器 D_1～D_4 测量，支承转子的两个支座的振动加速度由 4 个加速度传感器 A_1～A_4 测量，转子的转速由 1 个光电传感器测量。

7.2.2　动力涡轮转子无试重瞬态高速动平衡试验步骤

(1) 按试验器操作规程，检查试验各项准备工作。

(2) 静态下用百分表测量出传动轴有关轴向位置的径向跳动量，检查轴的加工、装配和安装质量，测量第一级动力涡轮盘相应位置的端面跳动量，检查动力涡轮盘的加工和装配质量。

(3) 人工盘车检查动力涡轮转子是否运转正常。

(4) 如步骤(2)和(3)的情况良好，则进行下一步操作；否则中止试验，重新进行装配或安装。

(5) 安装状态下，根据需要测量轴组件的固有频率。

(6) 调节真空箱压强不大于–0.080MPa，调节试验段供油压强在0.20～0.50MPa范围。

(7) 初始状态下，开车至参数限制值或额定工作转速，通过瞬态动平衡系统记录整个升速过程的有关参数，然后停车。

(8) 通过选择瞬态动平衡系统中所对应的位移通道测量数据计算得出1号、2号或3号平衡凸台处的不平衡大小和方位角。

(9) 在相应的凸台上按照计算得到的不平衡大小添加反方向的校正量。

(10) 再次起车至参数限制值或额定工作转速，记录整个升速过程相关参数，然后停车。

(11) 如高速动平衡后各测点的转子挠度的降低幅度满足平衡精度要求，则平衡完成；否则重新选取测量数据进行计算，重复步骤(9)和(10)。

(12) 根据需要重复开车试验，记录各测点在升速过程中的转子响应。

(13) 按试验器操作规程停止主机和辅机，试验结束。

7.3　动力涡轮转子无试重瞬态高速动平衡试验

7.3.1　瞬态动平衡系统数据采集调试

在进行动力涡轮转子瞬态动平衡试验之前，需要基于动力涡轮转子进行瞬态动平衡系统的软硬件调试。其一是改变采样率，进行数据采样率的确定；其二是变换采集通道，进行通道采集数据有效性的调试。

1. 不同采样率

瞬态动平衡系统应用不同的采样率，对动力涡轮转子转动过程中的转速和振动响应进行实时采集，对比不同采样率下数据实时显示情况，以获得最适合的采样率。

由图7-4可知，在调试瞬态动平衡系统软件过程中，采用30kHz、20kHz和10kHz三个采样率进行数据采集时，软件界面都能够正常显示出动力涡轮转子转动过程中的整个伯德图幅值和相位曲线的基本特征。但是同样可以发现，随着采样

率的下降，各通道数据绘制的伯德图中数据分布越来越稀疏，这可能会导致漏点的

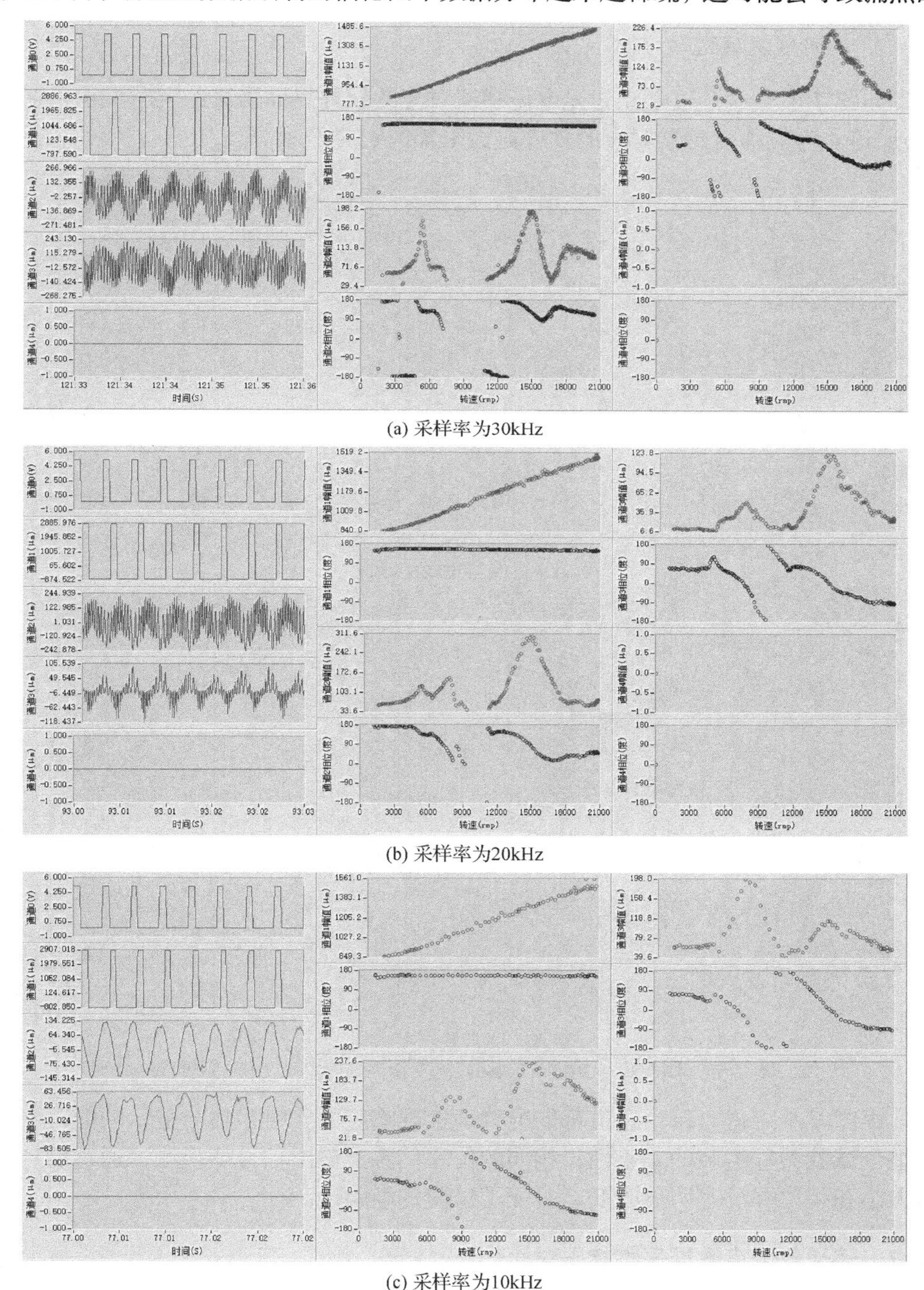

(a) 采样率为30kHz

(b) 采样率为20kHz

(c) 采样率为10kHz

图 7-4　不同采样率时瞬态动平衡系统软件通道 2 和通道 3 位移实时采集界面

情况出现，对试验产生不必要的影响，采样率对试验的影响还需进行进一步分析。

2. 不同采集通道

如图 7-5 所示，通道 0 为光电传感器对应的软件界面采集的实时显示，通道 1～通道 4 为位移传感器对应的软件界面采集的实时显示。

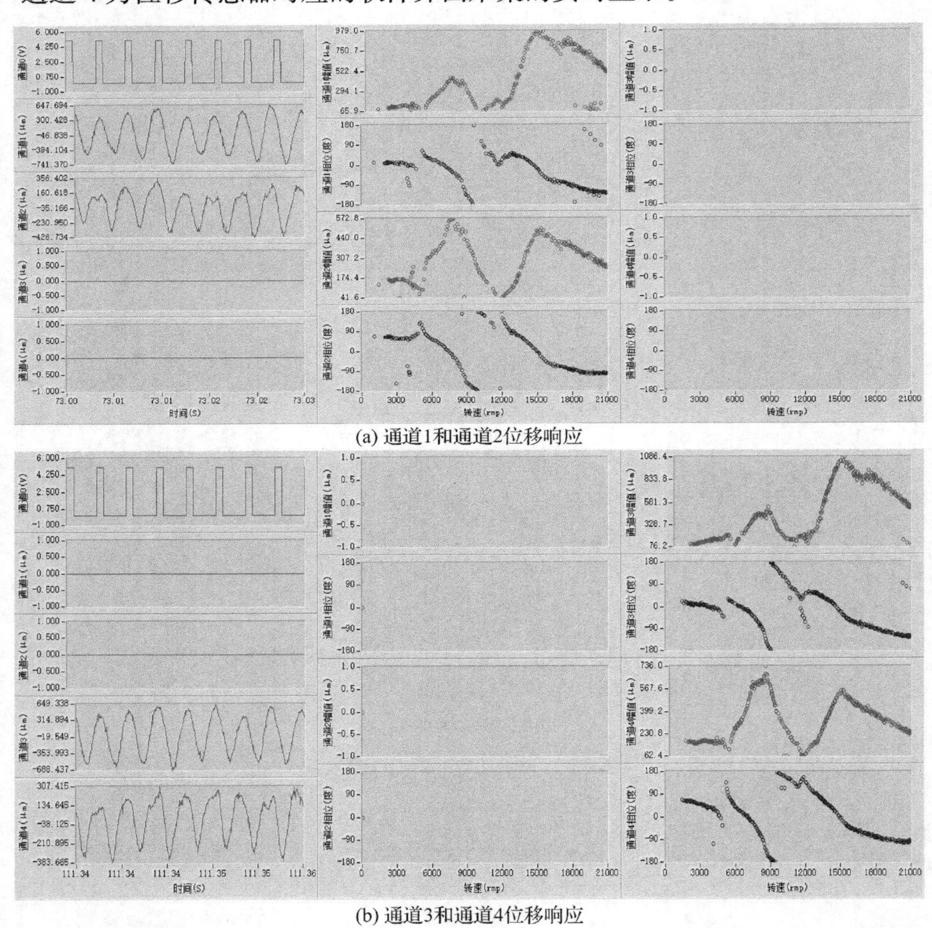

(a) 通道1和通道2位移响应

(b) 通道3和通道4位移响应

图 7-5　采样率为 30kHz 时瞬态动平衡系统软件实时采集界面

由图 7-5 可得，每个通道都能准确地实现响应的实时采集与显示功能，验证了整个试验器件组装的完整性；相同的位移传感器输出信号变换测试通道后，幅值大小和相位并没有明显改变，验证了试验的准确性。

7.3.2　转子各测点数据采集结果对比

瞬态动平衡系统与申克系统同时采集动力涡轮转子各测点处起动加速过程中

的振动信号和转速信号，对比分析两者所绘制的伯德图是否一致，从而验证瞬态动平衡系统前处理软件采集动力涡轮转子振动响应的准确性。为此，定义相对转速 ω_r 为

$$\omega_r = \frac{\omega}{\omega_{ws}} \times 100\% \tag{7-1}$$

式中，ω_{ws} 为动力涡轮转子的额定工作转速。

(1) 测点 1 处瞬态动平衡系统与申克系统伯德图绘制的对比见图 7-6，相关数据如表 7-1 和表 7-2 所示。

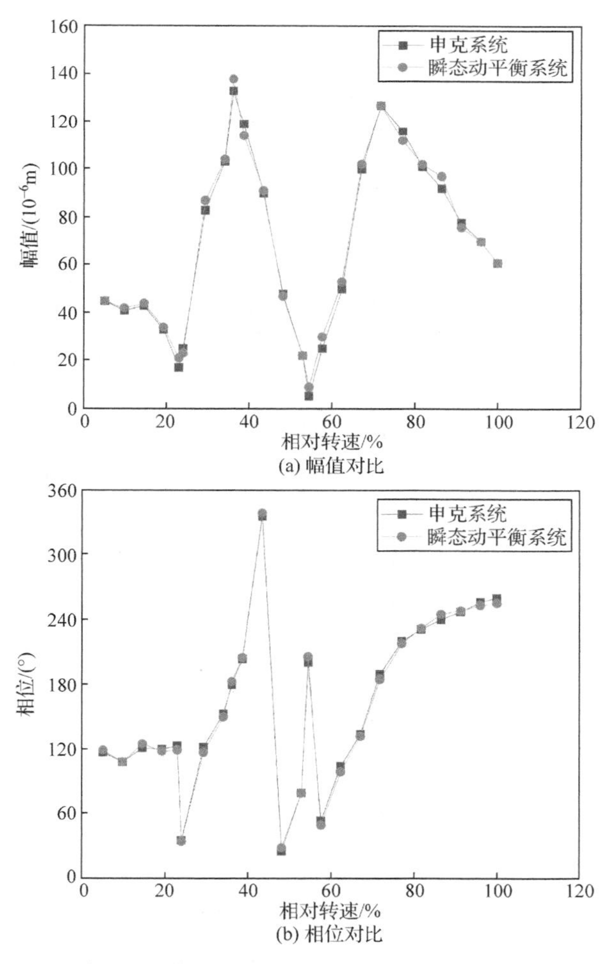

(a) 幅值对比

(b) 相位对比

图 7-6　瞬态动平衡系统与申克系统测点 1 处伯德图绘制对比

表 7-1　瞬态动平衡系统与申克系统绘制的动力涡轮转子测点 1 处伯德图幅值

相对转速/%	瞬态动平衡系统幅值/(10^{-6}m)	申克系统幅值/(10^{-6}m)	相对转速/%	瞬态动平衡系统幅值/(10^{-6}m)	申克系统幅值/(10^{-6}m)
5.02	45	45	52.86	22	22
9.75	42	41	54.44	9	5.2
14.48	44	43	57.59	30	25
19.22	34	33	62.33	53	50
22.90	21	17	67.06	102	100
23.95	23	25	71.79	127	127
29.21	87	83	77.05	112	116
33.94	104	103	81.78	102	101
36.04	138	133	86.51	97	92
38.67	114	119	91.25	76	78
43.40	91	90	95.98	70	70
48.13	47	48	100.00	61	61

表 7-2　瞬态动平衡系统与申克系统绘制的动力涡轮转子测点 1 处伯德图相位

相对转速/%	瞬态动平衡系统相位/(°)	申克系统相位/(°)	相对转速/%	瞬态动平衡系统相位/(°)	申克系统相位/(°)
5.02	119	117	52.86	79	79
9.75	108	108	54.44	206	201
14.48	125	121	57.59	49	53
19.22	118	120	62.33	99	104
22.90	119	123	67.06	132	134
23.95	34	35	71.79	185	190
29.21	117	122	77.05	218	220
33.94	150	153	81.78	232	231
36.04	183	180	86.51	245	240
38.67	205	204	91.25	248	247
43.40	338	335	95.98	253	256
48.13	28	25	100.00	255	260

(2) 测点 2 处瞬态动平衡系统与申克系统伯德图绘制的对比见图 7-7，相关数据如表 7-3 和表 7-4 所示。

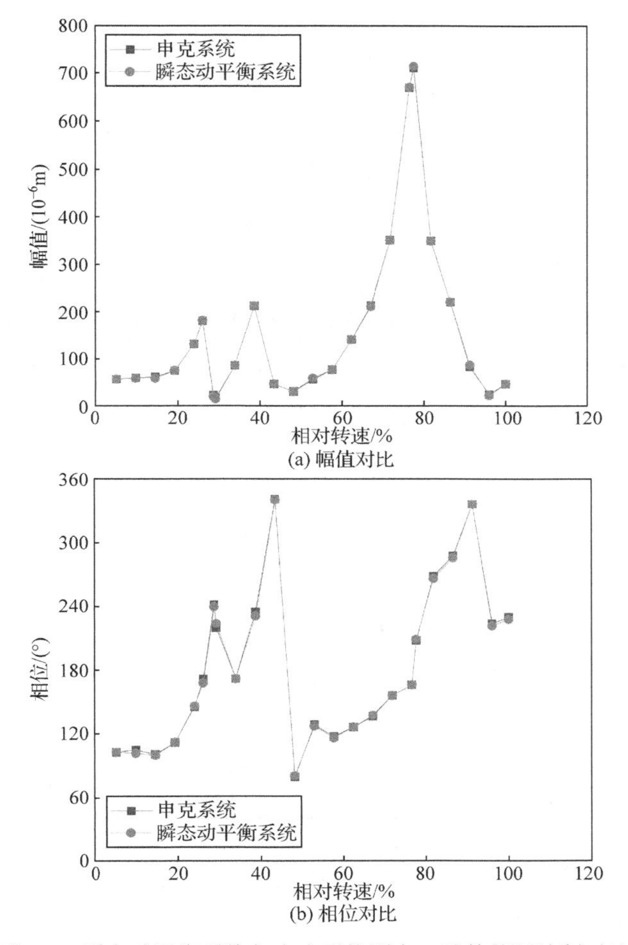

(a) 幅值对比

(b) 相位对比

图 7-7 瞬态动平衡系统与申克系统测点 2 处伯德图绘制对比

表 7-3 瞬态动平衡系统与申克系统绘制的动力涡轮转子测点 2 处伯德图幅值

相对转速/%	瞬态动平衡系统幅值/(10^{-6}m)	申克系统幅值/(10^{-6}m)	相对转速/%	瞬态动平衡系统幅值/(10^{-6}m)	申克系统幅值/(10^{-6}m)
5.02	58	58	52.86	60	57
9.75	60	61	57.59	78	78
14.48	60	63	62.33	142	142
19.22	76	76	67.06	212	214
23.95	132	132	71.79	351	351
26.05	182	181	76.52	671	670
28.68	22	25	77.58	715	711
29.21	17	19	81.78	349	350

续表

相对转速/%	瞬态动平衡系统幅值/(10^{-6}m)	申克系统幅值/(10^{-6}m)	相对转速/%	瞬态动平衡系统幅值/(10^{-6}m)	申克系统幅值/(10^{-6}m)
33.94	87	87	86.51	221	221
38.67	213	213	91.25	88	84
43.40	48	48	95.98	24	26
48.13	32	32	100.00	48	48

表 7-4　瞬态动平衡系统与申克系统绘制的动力涡轮转子测点 2 处伯德图相位

相对转速/%	瞬态动平衡系统相位/(°)	申克系统相位/(°)	相对转速/%	瞬态动平衡系统相位/(°)	申克系统相位/(°)
5.02	103	103	52.86	127	128
9.75	102	105	57.59	116	117
14.48	100	101	62.33	126	126
19.22	112	112	67.06	137	136
23.95	146	145	71.79	156	156
26.05	168	172	76.52	166	166
28.68	240	242	77.58	209	208
29.21	224	220	81.78	267	269
33.94	172	172	86.51	286	288
38.67	231	235	91.25	336	336
43.40	340	341	95.98	222	224
48.13	81	80	100.00	228	230

(3) 测点 3 处瞬态动平衡系统与申克系统伯德图绘制的对比见图 7-8，相关数据如表 7-5 和表 7-6 所示。

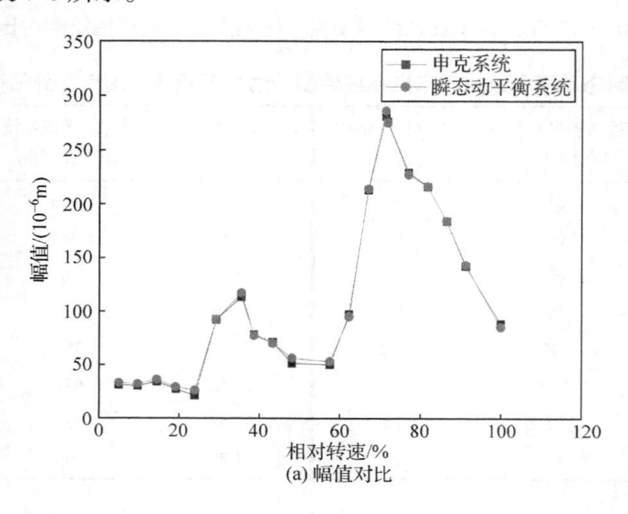

(a) 幅值对比

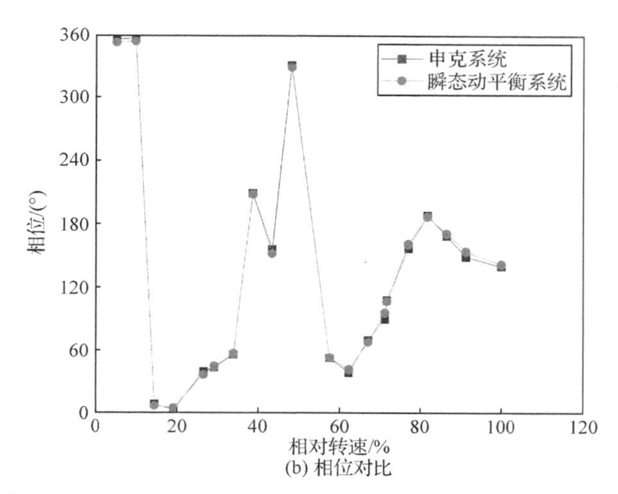

(b) 相位对比

图 7-8　瞬态动平衡系统与申克系统测点 3 处伯德图绘制对比

表 7-5　瞬态动平衡系统与申克系统绘制的动力涡轮转子测点 3 处伯德图幅值

相对转速/%	瞬态动平衡系统幅值/(10^{-6}m)	申克系统幅值/(10^{-6}m)	相对转速/%	瞬态动平衡系统幅值/(10^{-6}m)	申克系统幅值/(10^{-6}m)
5.02	34	32	57.59	54	51
9.75	33	31	62.33	96	98
14.48	37	35	67.06	215	214
19.22	30	28	71.26	287	282
23.95	27	22	71.79	276	277
29.21	93	93	77.05	228	230
35.51	118	114	81.78	217	217
38.67	78	79	86.51	185	185
43.40	71	72	91.25	144	143
48.13	57	52	100.00	86	89

表 7-6　瞬态动平衡系统与申克系统绘制的动力涡轮转子测点 3 处伯德图相位

相对转速/%	瞬态动平衡系统相位/(°)	申克系统相位/(°)	相对转速/%	瞬态动平衡系统相位/(°)	申克系统相位/(°)
5.02	353	356	57.59	53	53
9.75	354	357	62.33	42	39
14.48	7	9	67.06	68	70
19.22	5	3	71.26	96	90
23.95	37	40	71.79	107	108
29.21	45	44	77.05	161	157
35.51	57	56	81.78	187	188

续表

相对转速/%	瞬态动平衡系统相位/(°)	申克系统相位/(°)	相对转速/%	瞬态动平衡系统相位/(°)	申克系统相位/(°)
38.67	208	209	86.51	171	169
43.40	152	156	91.25	154	149
48.13	329	331	100.00	142	140

(4)测点 4 处瞬态动平衡系统与申克系统伯德图绘制的对比见图 7-9，相关数据如表 7-7 和表 7-8 所示。

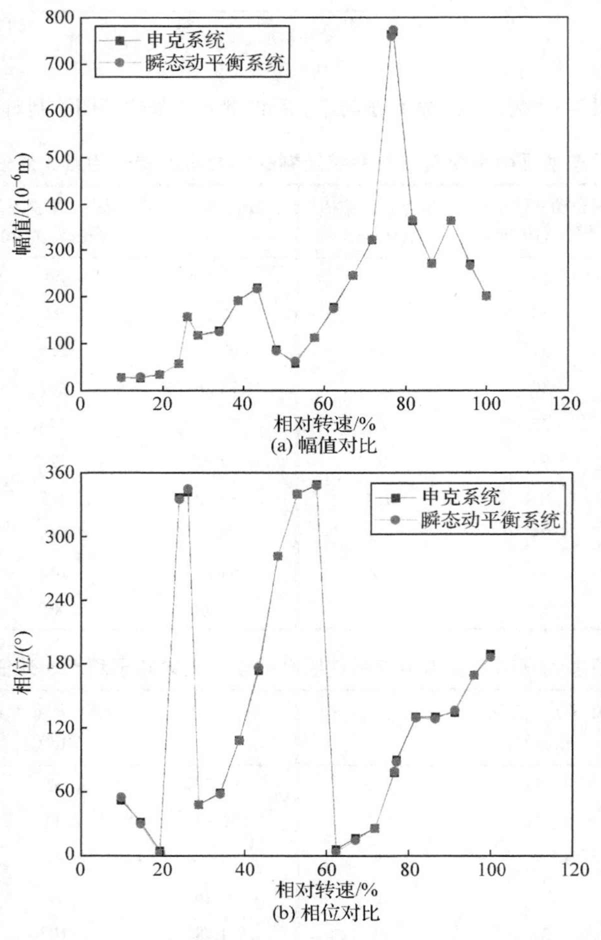

(a) 幅值对比

(b) 相位对比

图 7-9 瞬态动平衡系统与申克系统测点 4 处伯德图绘制对比

表 7-7　瞬态动平衡系统与申克系统绘制的动力涡轮转子测点 4 处伯德图幅值

相对转速/%	瞬态动平衡系统幅值/(10^{-6}m)	申克系统幅值/(10^{-6}m)	相对转速/%	瞬态动平衡系统幅值/(10^{-6}m)	申克系统幅值/(10^{-6}m)
9.75	27	28	57.59	113	113
14.48	29	26	62.33	176	179
19.22	34	34	67.06	245	245
23.95	57	57	71.79	323	321
26.05	159	158	76.52	760	765
28.68	118	118	77.05	774	770
33.94	125	129	81.78	367	363
38.67	192	192	86.51	270	271
43.40	217	219	91.25	364	364
48.13	84	87	95.98	266	270
52.86	62	57	100.00	201	202

表 7-8　瞬态动平衡系统与申克系统绘制的动力涡轮转子测点 4 处伯德图相位

相对转速/%	瞬态动平衡系统相位/(°)	申克系统相位/(°)	相对转速/%	瞬态动平衡系统相位/(°)	申克系统相位/(°)
9.75	55	52	57.59	348	349
14.48	30	32	62.33	4	6
19.22	3	5	67.06	15	17
23.95	335	337	71.79	26	26
26.05	345	342	76.52	79	78
28.68	48	48	77.05	88	90
33.94	58	59	81.78	129	130
38.67	108	108	86.51	128	130
43.40	173	173	91.25	136	134
48.13	281	281	95.98	169	169
52.86	340	340	100.00	186	189

从图 7-6～图 7-9 和表 7-1～表 7-8 中可以得出结论，瞬态动平衡系统前处理软件在各测点处的伯德图数据与申克系统相比重合度较高，幅值相差在±5μm 以内，相位相差在±6°以内。瞬态动平衡系统与申克系统相比，有同等程度的数据采集、存储与分析、处理的稳定性。瞬态动平衡系统采集的振动和转速与申克系统相比，虽然有部分瑕疵，但是总体趋势一致，说明瞬态动平衡系统具备替代申克系统进行转子振动数据采集、存储与分析、处理的能力。

7.3.3 转子不同测点的平衡试验

本小节用自主研制的转子瞬态动平衡系统对涡轴发动机动力涡轮转子系统进行了多次动平衡试验研究。在动平衡试验中，分别测量三个凸台位置的动力涡轮转子的瞬时不平衡位移响应信号和转速信号，转子系统的响应测量传感器布置方案：1 号位移传感器测量 1 号平衡凸台处垂直方向位移响应，2 号位移传感器测量 3 号平衡凸台处垂直方向位移响应,3 号位移传感器测量 2 号平衡凸台处垂直方向位移响应，4 号位移传感器测量的是 2 号平衡凸台处的横向位移响应。

在动力涡轮转子瞬态动平衡试验中，动力涡轮转子的每次起车过程均由专业操作人员控制转速上升。当转速接近各阶临界转速时，略微增大加速度，使其安全越过各阶临界转速。该转子系统的前两阶临界转速分别在 7400r/min 和 13600r/min 附近。整个加速起动过程的平均加速度约为 13rad/s^2。

1. 测点 1 处进行动力涡轮转子瞬态动平衡

通过软硬件系统采集键相信号和测点 1 处的位移，随后基于瞬态动平衡方法进行动力涡轮转子的不平衡计算，算得所需添加的平衡配重后，用匝圈的形式给预平衡的转子凸台附近添加相应质量和方位的铜丝。图 7-10(a)为平衡前测点 1 处的瞬态响应，图 7-10(b)为计算得到的平衡前测点 1 处的动挠度。

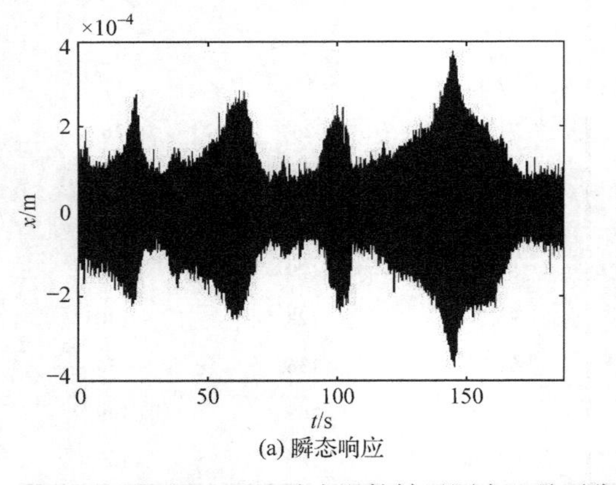

(a) 瞬态响应

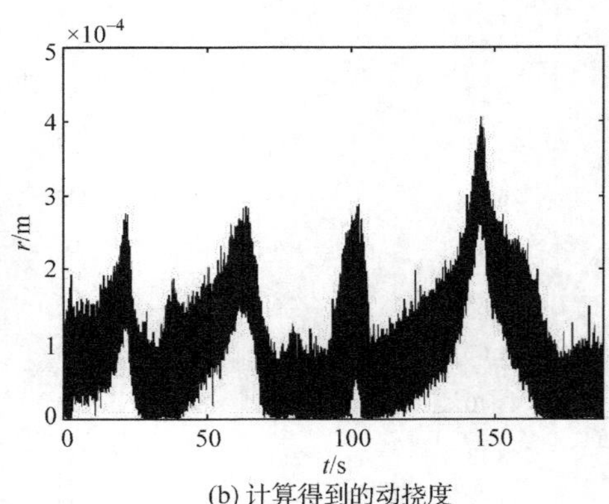

(b) 计算得到的动挠度

图 7-10　动力涡轮转子测点 1 处平衡前瞬态响应和计算得到的动挠度

通过软硬件系统采集键相信号和测点 1 处的振动响应后，进行动力涡轮转子的不平衡计算，算得所需添加的平衡配重为 0.61g∠333°。在添加对应的平衡配重后，再次起动转子采集键相信号和测点 1 处的位移，得出平衡后测点 1 处的瞬态响应如图 7-11(a)所示，计算得到的平衡后测点 1 处的动挠度如图 7-11(b)所示。

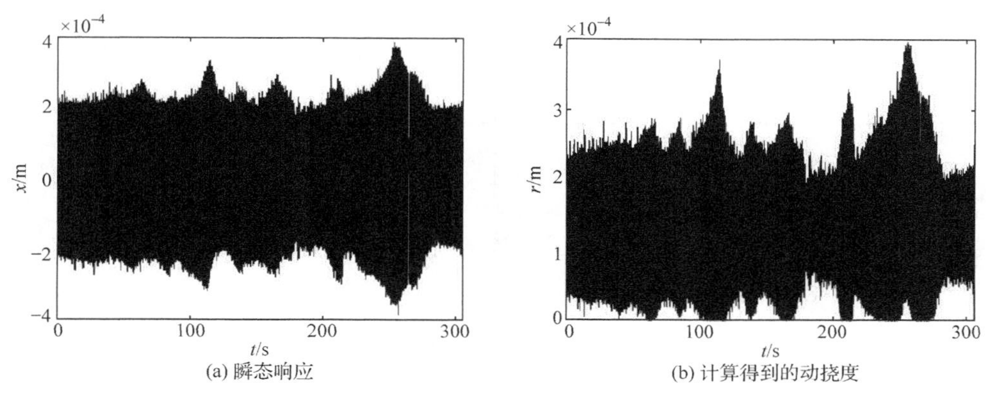

图 7-11　动力涡轮转子测点 1 处平衡后瞬态响应和计算得到的动挠度

由瞬态动平衡系统绘制的动力涡轮转子测点 1 处平衡前后的伯德图为图 7-12，平衡前后数据见表 7-9。分别选取一阶临界转速、二阶临界转速、额定工作转速附近平衡前后的幅值开展平衡效果评估。在测点 1 处进行动力涡轮转子的瞬态动平衡效果明显，转速为额定工作转速的 38.14%时，测点 1 处平衡前后幅值降低 47.76%(平衡前后幅值为 201μm→105μm)；转速为额定工作转速的 77.05%时，测点 1 处平衡前后幅值降低 40.63%(平衡前后幅值为 320μm→190μm)；转速为额定工作转速的 100.00%时，测点 1 处平衡前后幅值降低 41.03%(平衡前后幅值为 39μm→23μm)。

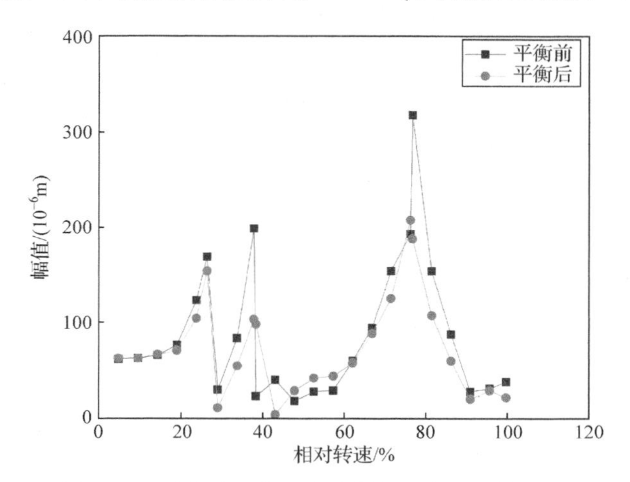

图 7-12　瞬态动平衡系统绘制的测点 1 处伯德图

表 7-9　瞬态动平衡系统测得测点 1 处平衡前后幅值

相对转速/%	平衡前幅值/(10^{-6}m)	平衡后幅值/(10^{-6}m)	相对转速/%	平衡前幅值/(10^{-6}m)	平衡后幅值/(10^{-6}m)
5.02	63	64	52.86	29	43

续表

相对转速/%	平衡前幅值/(10^{-6}m)	平衡后幅值/(10^{-6}m)	相对转速/%	平衡前幅值/(10^{-6}m)	平衡后幅值/(10^{-6}m)
9.75	64	64	57.59	30	45
14.48	67	68	62.33	61	59
19.22	78	72	67.06	96	90
23.95	125	106	71.79	156	127
26.58	171	156	76.52	195	210
29.21	31	12	77.05	320	190
33.94	85	56	81.78	156	109
38.14	201	105	86.51	89	61
38.67	24	100	91.25	29	21
43.40	41	5	95.98	32	30
48.13	19	30	100.00	39	23

由测点 3 布置的传感器测得平衡前后幅值如图 7-13 和表 7-10 所示。从图 7-13 和表 7-10 中可以得出，转速为额定工作转速的 43.10%时，测点 3 处平衡前后幅值降低 79.33%(平衡前后幅值为 479μm→99μm)；转速为额定工作转速的 77.13%时，测点 3 处平衡前后幅值降低 41.40%(平衡前后幅值为 715μm→419μm)；转速为额定工作转速的 100.00%时，测点 3 处平衡前后幅值降低 44.44%(平衡前后幅值为 45μm→25μm)。证明在测点 1 处平衡动力涡轮转子时，测点 3 处的幅值也有不同程度的降低，瞬态动平衡方法是有效的。

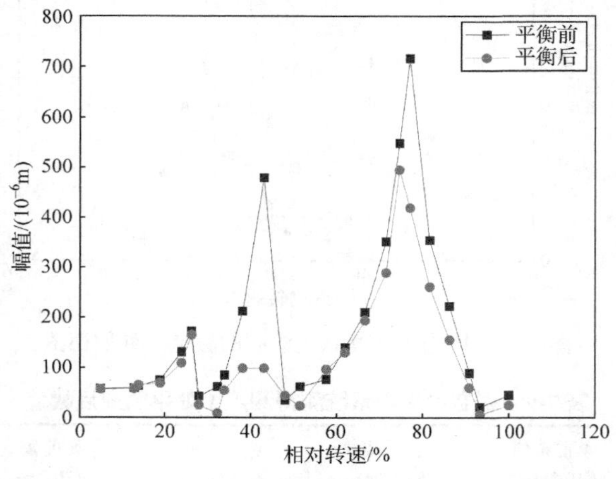

图 7-13　瞬态动平衡系统绘制的测点 3 处伯德图(平衡面为测点 1)

表 7-10　瞬态动平衡系统测得测点 3 处平衡前后幅值(平衡面为测点 1)

相对转速 /%	平衡前幅值 /(10^{-6}m)	平衡后幅值 /(10^{-6}m)	相对转速 /%	平衡前幅值 /(10^{-6}m)	平衡后幅值 /(10^{-6}m)
5.02	58	57	51.47	62	24
12.83	59	58	57.57	77	97
13.82	63	65	61.94	140	130
18.84	75	69	66.56	210	194
23.87	131	109	71.54	351	289
26.17	173	165	74.69	548	495
27.87	43	26	77.13	715	419
32.19	62	9	81.72	354	261
33.81	85	55	86.31	222	155
38.14	212	99	90.95	89	60
43.10	479	99	93.39	21	6
47.99	35	44	100.00	45	25

2. 测点 2 处进行动力涡轮转子瞬态动平衡

通过软硬件系统采集键相信号和测点 2 处的位移，随后基于瞬态动平衡方法进行动力涡轮转子的不平衡计算，用匝圈的形式给预平衡的转子凸台附近添加相应质量和方位的铜丝。图 7-14(a)为平衡前测点 2 处的瞬态响应，图 7-14(b)为计算得到的平衡前测点 2 处的动挠度。

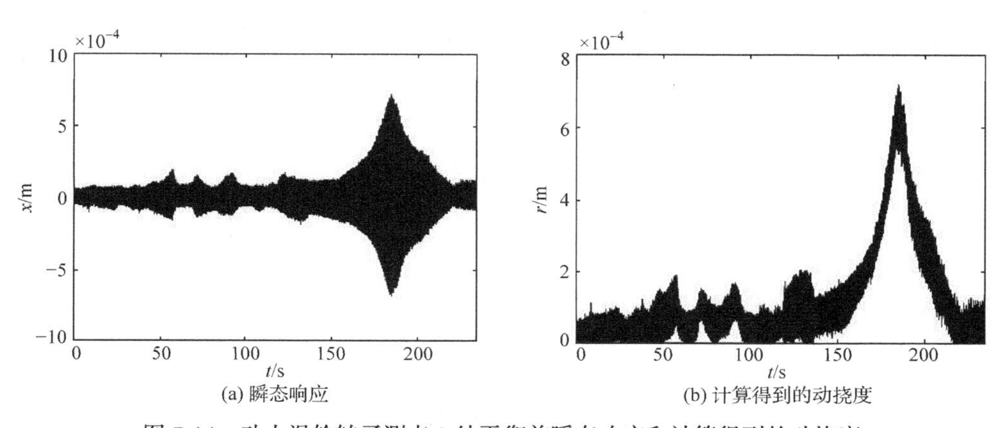

(a) 瞬态响应　(b) 计算得到的动挠度

图 7-14　动力涡轮转子测点 2 处平衡前瞬态响应和计算得到的动挠度

经计算，所需添加的平衡配重为 0.73g∠329°。在转子测点 2 附近添加对应的平衡配重后，再次起动转子采集键相信号和测点 2 处的位移，得出平衡后测点 2 处的瞬态响应如图 7-15(a)所示，计算得到的平衡后测点 2 处的动挠度随时间变化如图 7-15(b)所示。

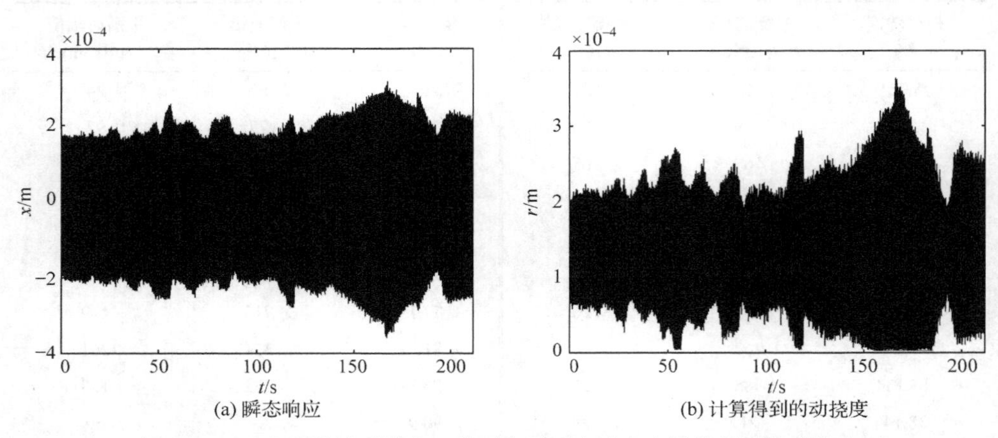

(a) 瞬态响应　　　　　　　　　　(b) 计算得到的动挠度

图 7-15　动力涡轮转子测点 2 处平衡后瞬态响应和计算得到的动挠度

由瞬态动平衡系统绘制的动力涡轮转子测点 2 处平衡前后的伯德图为图 7-16，平衡前后数据见表 7-11。在测点 2 处进行动力涡轮转子的瞬态动平衡效果明显，转速为额定工作转速的 37.31%时，测点 2 处平衡前后幅值降低 48.62%(平衡前后幅值为 109μm→56μm)；转速为额定工作转速的 76.68%时，测点 2 处平衡前后幅值降低 75.32%(平衡前后幅值为 616μm→152μm)；转速为额定工作转速的 100.00%时，测点 2 处平衡前后幅值降低 43.18%(平衡前后幅值为 44μm→25μm)。

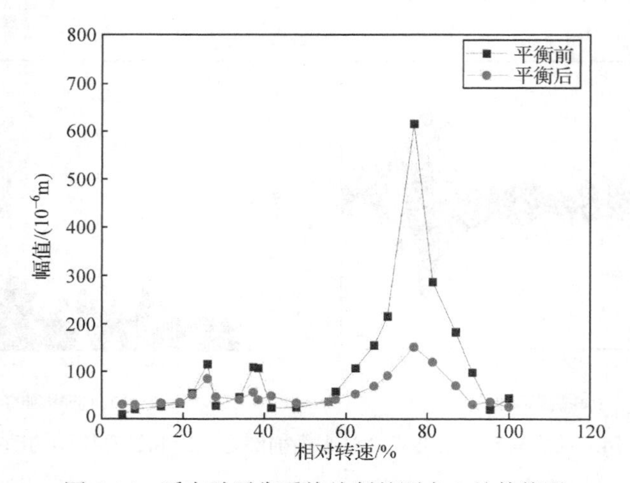

图 7-16　瞬态动平衡系统绘制的测点 2 处伯德图

表 7-11 瞬态动平衡系统测得测点 2 处平衡前后幅值

相对转速/%	平衡前幅值/(10^{-6}m)	平衡后幅值/(10^{-6}m)	相对转速/%	平衡前幅值/(10^{-6}m)	平衡后幅值/(10^{-6}m)
5.14	9	30	55.81	36	36
8.26	20	29	57.52	58	41
14.64	26	33	62.35	107	52
19.31	32	34	66.89	156	69
22.30	54	50	70.24	216	91
26.01	116	85	76.68	616	152
28.10	27	46	81.32	287	120
33.86	46	40	86.99	183	70
37.31	109	56	91.07	98	30
38.50	107	40	95.42	20	36
41.71	23	48	100.00	44	25
47.88	24	33	—	—	—

由测点 4 布置的传感器测得平衡前后幅值数据如图 7-17 和表 7-12 所示。从图 7-17 和表 7-12 中可以得出，转速为额定工作转速的 42.96%时，测点 4 处平衡前后幅值降低 49.77%(平衡前后幅值为 217μm→109μm)；转速为额定工作转速的 77.05%时，测点 4 处平衡前后幅值降低 65.50%(平衡前后幅值为 774μm→267μm)；转速为额定工作转速的 100.00%时，测点 4 处平衡前后幅值降低 44.78%(平衡前后幅值为 201μm→111μm)。证明在测点 2 处平衡动力涡轮转子时，测点 4 处的幅值也有不同程度的降低，瞬态动平衡方法是有效的。

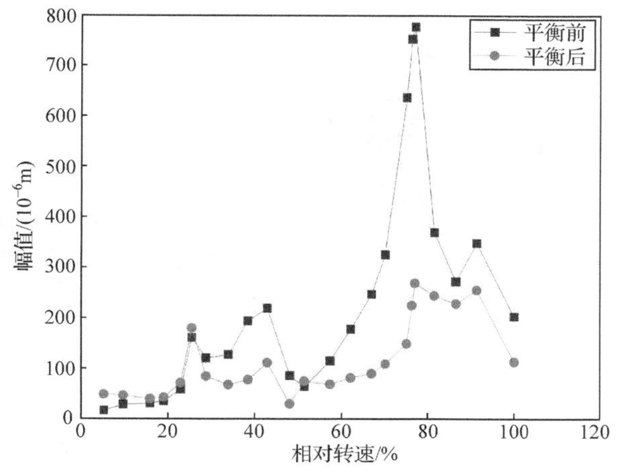

图 7-17 瞬态动平衡系统绘制的测点 4 处伯德图(平衡面为测点 2)

表 7-12　瞬态动平衡系统测得测点 4 处平衡前后幅值(平衡面为测点 2)

相对转速/%	平衡前幅值/(10^{-6}m)	平衡后幅值/(10^{-6}m)	相对转速/%	平衡前幅值/(10^{-6}m)	平衡后幅值/(10^{-6}m)
5.14	15	47	57.42	113	67
9.64	27	45	62.17	176	80
15.79	29	38	66.97	245	88
18.97	34	41	70.17	323	107
22.85	57	70	75.12	634	147
25.44	159	178	76.33	750	223
28.69	118	83	77.05	774	267
33.86	125	66	81.52	367	242
38.50	192	76	86.54	270	226
42.96	217	109	91.33	346	253
48.12	84	28	100.00	201	111
51.50	62	73	—	—	—

3. 测点 3 处进行动力涡轮转子瞬态动平衡

通过软硬件系统采集键相信号和测点 3 处的位移，随后基于瞬态动平衡方法进行动力涡轮转子的不平衡计算，用匝圈的形式给预平衡的转子凸台附近添加相应质量和方位的铜丝。图 7-18(a)为平衡前测点 3 处的瞬态响应，图 7-18(b)为计算得到的平衡前测点 3 处的动挠度。

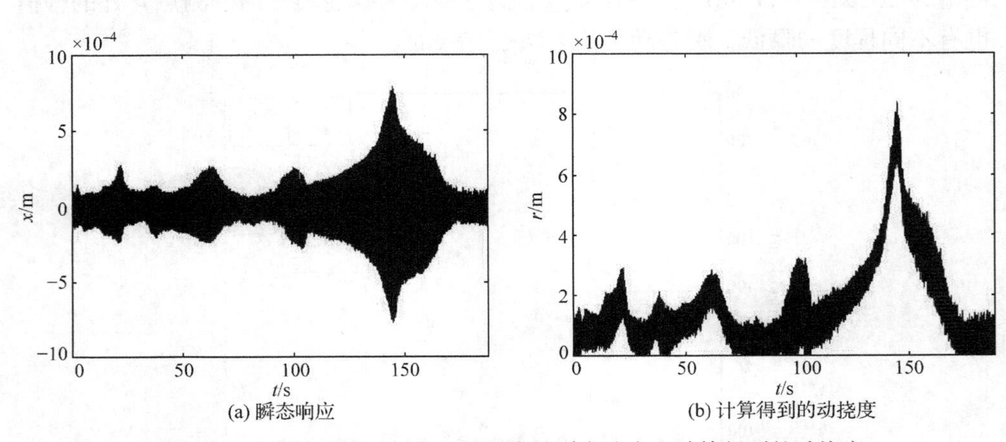

(a) 瞬态响应　　(b) 计算得到的动挠度

图 7-18　动力涡轮转子测点 3 处平衡前瞬态响应和计算得到的动挠度

经计算，所需添加的平衡配重为 0.52g∠335°。在转子测点 3 附近添加对应的平衡配重后，再次起动转子采集键相信号和测点 3 处的位移，得出平衡后测点 3

处的瞬态响应如图 7-19(a)所示，计算得到的平衡后测点 3 处的动挠度如图 7-19(b)所示。

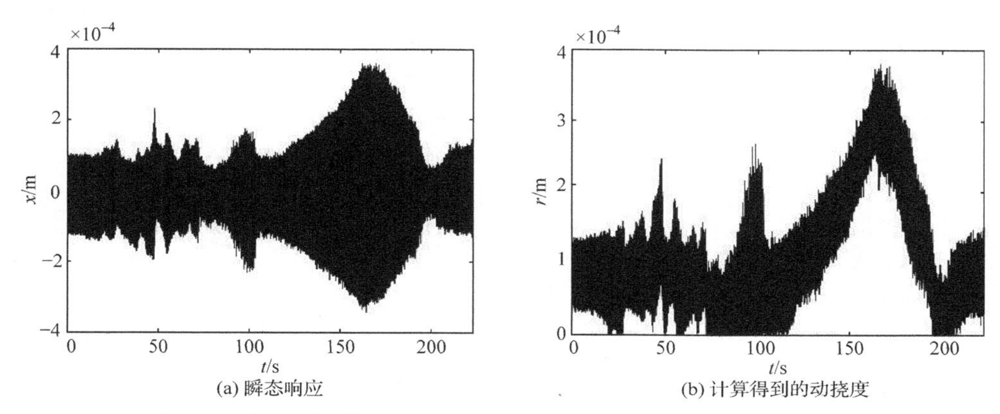

图 7-19　动力涡轮转子测点 3 处平衡后瞬态响应和计算得到的动挠度

由瞬态动平衡系统绘制的动力涡轮转子测点 3 处平衡前后的伯德图为图 7-20，平衡前后数据见表 7-13。在测点 3 处进行动力涡轮转子的瞬态动平衡效果明显，转速为额定工作转速的 43.10%时，测点 3 处平衡前后幅值降低为 69.94%(平衡前后幅值为 479μm→144μm)；转速为额定工作转速的 77.13%时，测点 3 处平衡前后幅值降低 58.04%(平衡前后幅值为 715μm→300μm)；转速为额定工作转速的 100.00%时，测点 3 处平衡前后幅值降低 48.89%(平衡前后幅值为 45μm→23μm)。测点 3 在不同转速下幅值大部分出现明显降低，表明瞬态动平衡方法在动力涡轮转子应用中有效。

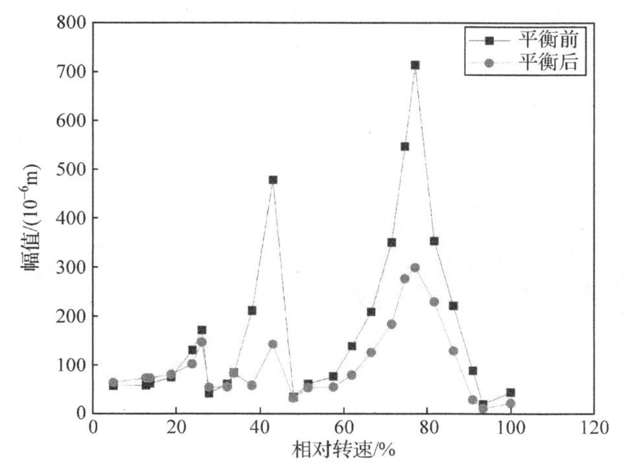

图 7-20　瞬态动平衡系统绘制的测点 3 处伯德图

表 7-13　瞬态动平衡系统测得测点 3 处平衡前后幅值

相对转速/%	平衡前幅值/(10^{-6}m)	平衡后幅值/(10^{-6}m)	相对转速/%	平衡前幅值/(10^{-6}m)	平衡后幅值/(10^{-6}m)
5.02	58	65	51.47	62	54
12.83	59	74	57.57	77	56
13.82	63	74	61.94	140	80
18.84	75	81	66.56	210	127
23.87	131	103	71.54	351	185
26.17	173	148	74.69	548	277
27.87	43	55	77.13	715	300
32.19	62	56	81.72	354	230
33.81	85	84	86.31	222	130
38.14	212	59	90.95	89	30
43.10	479	144	93.39	21	12
47.99	35	33	100.00	45	23

7.3.4　无试重瞬态高速动平衡方法与影响系数法对比

1. 测点 1 处进行 2 号动力涡轮转子瞬态动平衡方法与影响系数法的对比

为验证方法的适用性，重新更换动力涡轮转子开展试验(以下称为 2 号动力涡轮转子)。通过软硬件系统采集键相信号和测点 1 处的位移，随后分别基于瞬态动平衡方法和影响系数法进行 2 号动力涡轮转子的不平衡计算，用匝圈的形式给预平衡的转子凸台附近添加相应质量和方位的铜丝。图 7-21(a)为平衡前测点 1 处的瞬态响应，图 7-21(b)为计算得到的平衡前测点 1 处的动挠度。

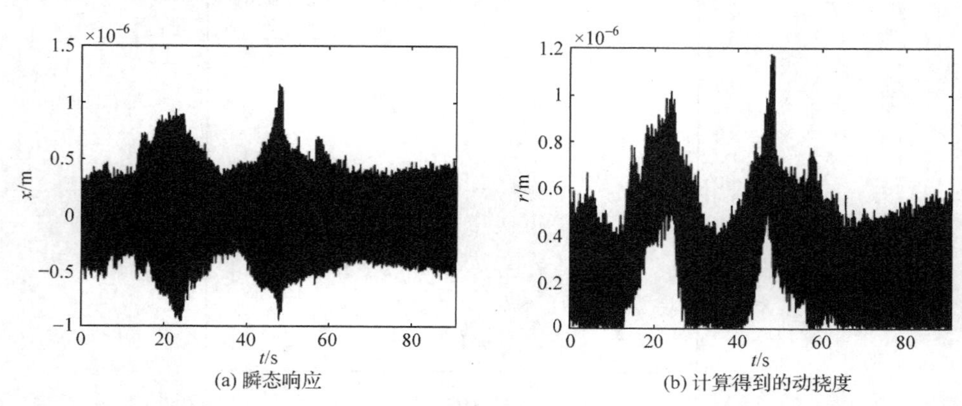

(a) 瞬态响应　　(b) 计算得到的动挠度

图 7-21　2 号动力涡轮转子测点 1 处平衡前瞬态响应和计算得到的动挠度

经计算，所需添加的平衡配重为 0.42g∠17.5°。在转子测点 1 附近添加对应的平衡配重后，再次起动转子采集键相信号和测点 1 处的位移，得出无试重平衡后测点 1 处的瞬态响应如图 7-22(a)所示，计算得到的无试重平衡后测点 1 处的动挠度如图 7-22(b)所示。

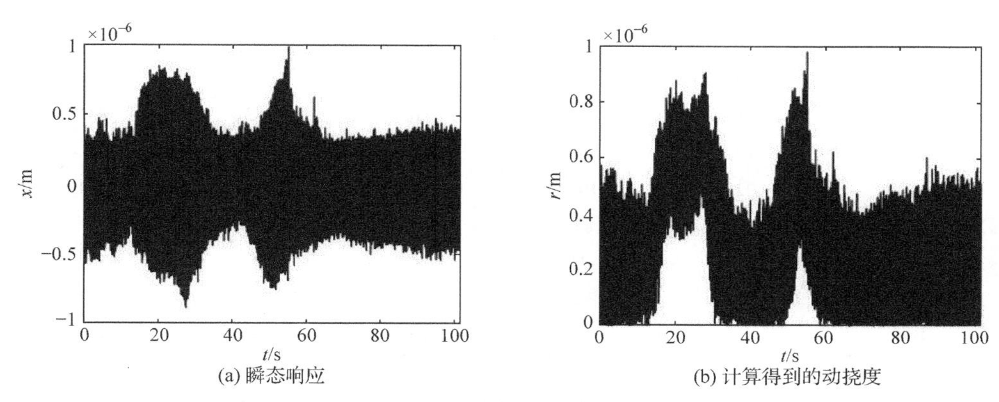

图 7-22　瞬态动平衡方法平衡后 2 号动力涡轮转子测点 1 处瞬态响应和计算得到的动挠度

由瞬态动平衡系统绘制的 2 号动力涡轮转子测点 1 处平衡前后的伯德图如图 7-23 所示，平衡前后数据见表 7-14。分别选取一阶临界转速、二阶临界转速、额定工作转速附近平衡前后的幅值开展平衡效果评估。从图 7-23 和表 7-14 中可以得出，在测点 1 处进行 2 号动力涡轮转子的瞬态动平衡方法，转速为额定工作转速的 38.21%时，测点 1 处平衡前后幅值降低 10.27%(平衡前后幅值为 146μm→131μm)；转速为额定工作转速的 69.00%时，测点 1 处平衡前后幅值降低 45.10%(平衡前后幅值为 153μm→84μm)；转速为额定工作转速的 100.00%时，测点 1 处平衡前后幅值没有变化。

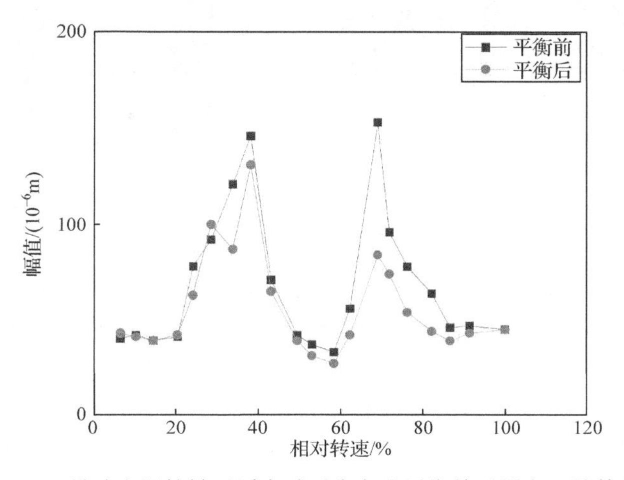

图 7-23　2 号动力涡轮转子瞬态动平衡方法平衡前后测点 1 处伯德图

表 7-14　2 号动力涡轮转子瞬态动平衡方法平衡前后测点 1 处幅值

相对转速/%	平衡前幅值/(10^{-6}m)	平衡后幅值/(10^{-6}m)	相对转速/%	平衡前幅值/(10^{-6}m)	平衡后幅值/(10^{-6}m)
6.59	40	43	53.01	37	31
10.36	42	41	58.37	33	27
14.58	39	39	62.25	56	42
20.46	41	42	69.00	153	84
24.22	78	63	71.91	96	74
28.59	92	100	76.22	78	54
33.85	121	87	82.20	64	44
38.21	146	131	86.65	46	39
43.11	71	65	91.44	47	43
49.43	42	39	100.00	45	45

以 0.53g∠17.5°为试重，运用影响系数法对转子在额定工作转速下进行平衡，通过影响系数法算得测点 1 处所需添加的平衡配重为 0.88g∠40°。在转子测点 1 附近添加相应的平衡配重，再次起动转子采集键相信号和测点 1 处的位移，得出影响系数法平衡后测点 1 处的瞬态响应如图 7-24(a)所示，计算得到的影响系数法平衡后测点 1 处的动挠度如图 7-24(b)所示。

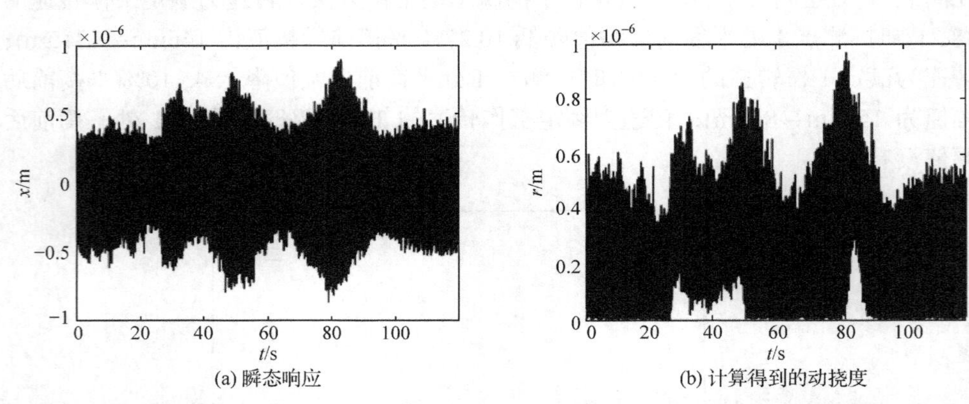

(a) 瞬态响应　(b) 计算得到的动挠度

图 7-24　影响系数法平衡后 2 号动力涡轮转子测点 1 处瞬态响应和计算得到的动挠度

由瞬态动平衡系统绘制的 2 号动力涡轮转子测点 1 处影响系数法平衡前后伯德图如图 7-25 所示，平衡前后数据见表 7-15。从图 7-25 和表 7-15 中可以得出，在测点 1 处进行 2 号动力涡轮转子的影响系数法平衡，转速为额定工作转速的 33.96%时，测点 1 处平衡前后幅值降低 56.16%(平衡前后幅值为 146μm→64μm)；转速为额定工作转速的 63.06%时，测点 1 处平衡前后幅值降低 66.01%(平衡前后幅值为 153μm→52μm)；转速为额定工作转速的 100.00%时，测点 1 处平衡前后幅值降低 51.11%(平衡前后幅值为 45μm→22μm)。总体来看，在测点 1 处，利用影响系数法平衡的效果要优于瞬态动平衡方法。

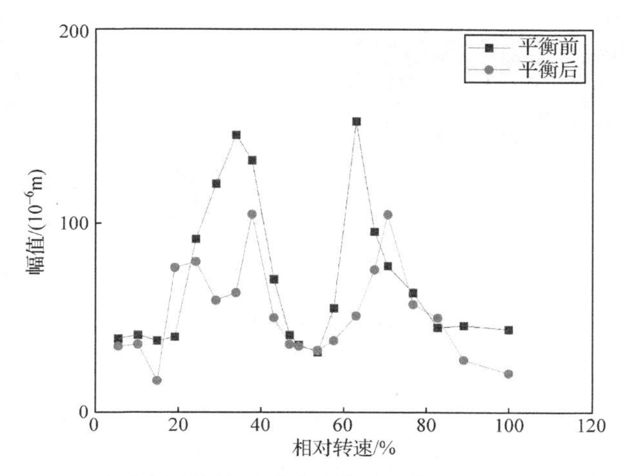

图 7-25　2 号动力涡轮转子影响系数法平衡前后测点 1 处伯德图

表 7-15　2 号动力涡轮转子影响系数法平衡前后测点 1 处幅值

相对转速/%	平衡前幅值/(10^{-6}m)	平衡后幅值/(10^{-6}m)	相对转速/%	平衡前幅值/(10^{-6}m)	平衡后幅值/(10^{-6}m)
5.65	40	36	49.23	37	36
10.33	42	37	53.78	33	34
14.94	39	18	57.70	56	39
19.19	41	77	63.06	153	52
24.27	92	80	67.51	96	76
29.11	121	60	70.72	78	105
33.96	146	64	76.89	64	58
37.91	133	105	82.82	46	51
43.19	71	51	89.14	47	29
47.01	42	37	100.00	45	22

2. 测点 2 处进行 2 号动力涡轮转子瞬态动平衡方法与影响系数法的对比

通过软硬件系统采集键相信号和测点 2 处的位移，随后分别基于瞬态动平衡方法和影响系数法进行 2 号动力涡轮转子的不平衡计算，用匝圈的形式给预平衡的转子凸台附近添加相应质量和方位的铜丝。图 7-26(a)为平衡前测点 2 处的瞬态响应，图 7-26(b)为计算得到的平衡前测点 2 处的动挠度。

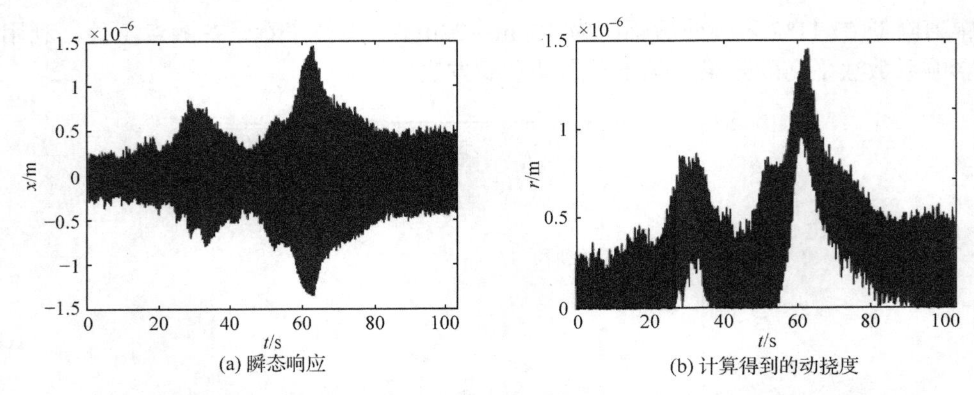

(a) 瞬态响应　(b) 计算得到的动挠度

图 7-26　2 号动力涡轮转子测点 2 处平衡前瞬态响应和计算得到的动挠度

经计算，所需添加的平衡配重为 0.27g∠8°。在转子测点 2 附近添加对应的平衡配重后，再次起动转子采集键相信号和测点 2 处的位移，得出无试重平衡后测点 2 处的瞬态响应如图 7-27(a)所示，计算得到的无试重平衡后测点 2 处的动挠度如图 7-27(b)所示。

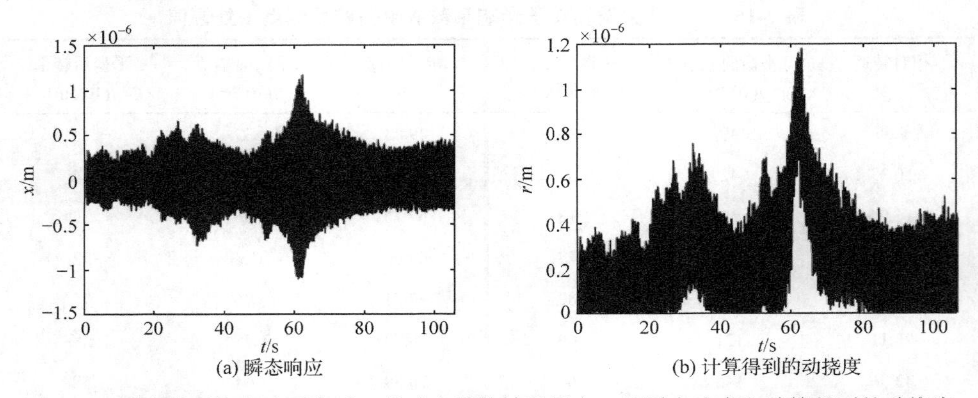

(a) 瞬态响应　(b) 计算得到的动挠度

图 7-27　瞬态动平衡方法平衡后 2 号动力涡轮转子测点 2 处瞬态响应和计算得到的动挠度

由瞬态动平衡系统绘制的2号动力涡轮转子测点2处平衡前后的伯德图如图7-28所示，平衡前后数据见表 7-16。从图 7-28 和表 7-16 中可以得出，在测点 2 处进行 2 号动力涡轮转子的瞬态动平衡方法，转速为额定工作转速的 38.08%时，测点 2 处平衡前后幅值降低 41.18%(平衡前后幅值为 119μm→70μm)；转速为额定工作转速的 68.37%时，测点 2 处平衡前后幅值降低 42.37%(平衡前后幅值为 236μm→136μm)；转速为额定工作转速的 100.00%时，测点 2 处平衡前后幅值降低 51.16%(平衡前后幅值为 43μm→21μm)。

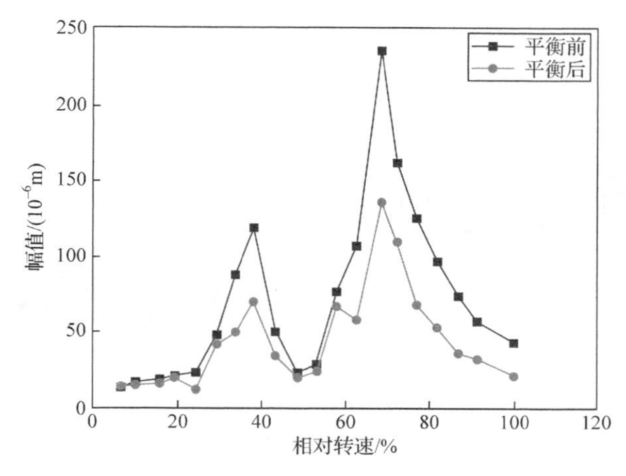

图 7-28　2 号动力涡轮转子瞬态动平衡方法平衡前后测点 2 处伯德图

表 7-16　2 号动力涡轮转子瞬态动平衡方法平衡前后测点 2 处幅值

相对转速/%	平衡前幅值/(10^{-6}m)	平衡后幅值/(10^{-6}m)	相对转速/%	平衡前幅值/(10^{-6}m)	平衡后幅值/(10^{-6}m)
6.60	13	14	53.16	29	24
9.98	17	15	57.70	77	67
15.83	19	16	62.58	107	58
19.22	21	20	68.37	236	136
24.40	23	12	72.15	162	110
29.32	48	42	76.89	125	68
33.69	88	50	81.72	97	53
38.08	119	70	86.65	74	36
43.23	50	34	91.24	57	32
48.52	23	20	100.00	43	21

以 0.29g∠8°为试重，运用影响系数法对转子在额定工作转速下进行平衡，通过影响系数法算得测点 2 处所需添加的平衡配重为 0.33g∠315°。在转子测点 2 附近添加相应的平衡配重，再次起动转子采集键相信号和测点 2 处的位移，得出影响系数法平衡后测点 2 处的瞬态响应如图 7-29(a)所示，计算得到的影响系数法平衡后测点 2 处的动挠度如图 7-29(b)所示。

由瞬态动平衡系统绘制的 2 号动力涡轮转子测点 2 处影响系数法平衡前后伯德图如图 7-30 所示，平衡前后数据见表 7-17。从图 7-30 和表 7-17 中可以得出，在测点 2 处进行 2 号动力涡轮转子的影响系数法平衡情况下，转速为额定工作转速的 38.08%时，测点 2 处平衡前后幅值降低 42.86%(平衡前后幅值为 119μm→68μm)；转速为额定工作转速的 68.37%时，测点 2 处平衡前后幅值上升 7.63%(平

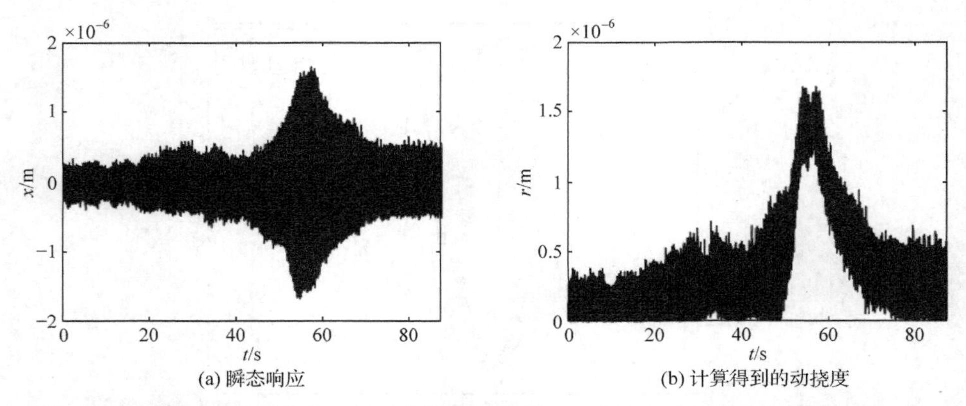

(a) 瞬态响应　　(b) 计算得到的动挠度

图 7-29　影响系数法平衡后 2 号动力涡轮转子测点 2 处瞬态响应和计算得到的动挠度

衡前后幅值为 236μm→254μm)；转速为额定工作转速的 100.00%时，测点 2 处平衡前后幅值降低 53.49%(平衡前后幅值为 43μm→20μm)。总体来看，在测点 2 处，利用瞬态动平衡方法平衡的效果要优于影响系数法。

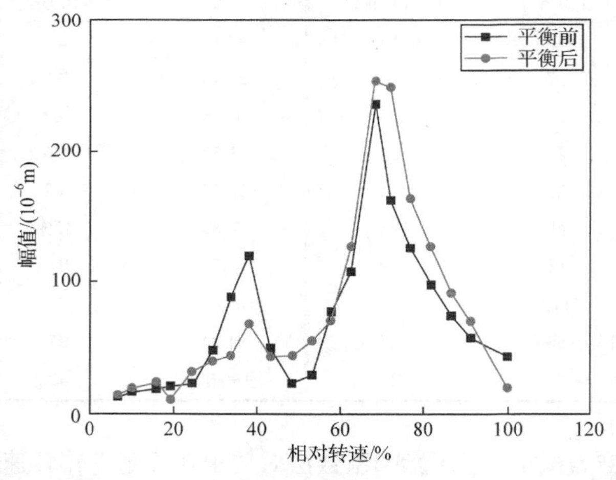

图 7-30　2 号动力涡轮转子影响系数法平衡前后测点 2 处伯德图

表 7-17　2 号动力涡轮转子影响系数法平衡前后测点 2 处幅值

相对转速/%	平衡前幅值/(10^{-6}m)	平衡后幅值/(10^{-6}m)	相对转速/%	平衡前幅值/(10^{-6}m)	平衡后幅值/(10^{-6}m)
6.60	13	14	53.16	29	55
9.98	17	19	57.70	77	71
15.83	19	24	62.58	107	126
19.22	21	11	68.37	236	254
24.40	23	32	72.15	162	249

续表

相对转速 /%	平衡前幅值 /(10^{-6}m)	平衡后幅值 /(10^{-6}m)	相对转速 /%	平衡前幅值 /(10^{-6}m)	平衡后幅值 /(10^{-6}m)
29.32	48	40	76.89	125	163
33.69	88	44	81.72	97	126
38.08	119	68	86.65	74	91
43.23	50	43	91.24	57	70
48.52	23	44	100.00	43	20

3. 测点 3 处进行 2 号动力涡轮转子瞬态动平衡方法与影响系数法的对比

通过软硬件系统采集键相信号和测点 3 处的位移，随后分别基于瞬态动平衡方法和影响系数法进行 2 号动力涡轮转子的不平衡计算，用匝圈的形式给预平衡的转子凸台附近添加相应质量和方位的铜丝。图 7-31(a)为平衡前测点 3 处的瞬态响应，图 7-31(b)为计算得到的平衡前测点 3 处的动挠度。

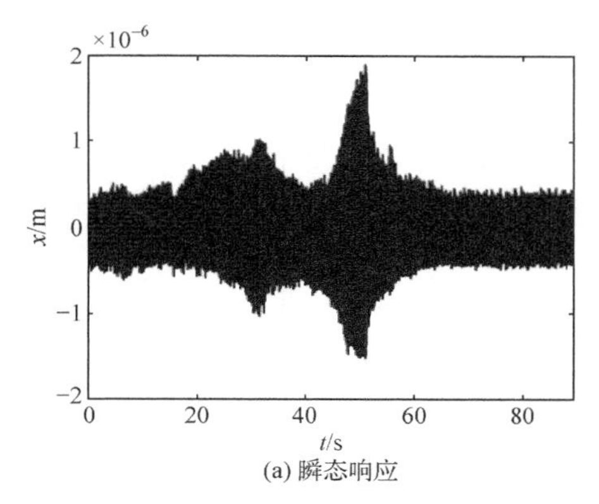

(a) 瞬态响应

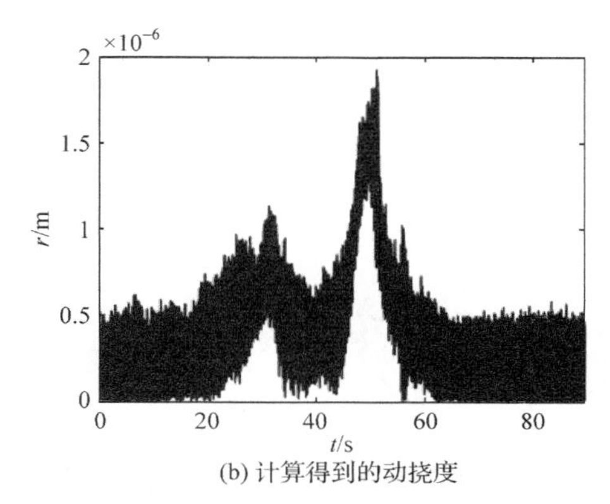

(b) 计算得到的动挠度

图 7-31　2 号动力涡轮转子测点 3 处平衡前瞬态响应和计算得到的动挠度

经计算，所需添加的平衡配重为 0.28g∠5°。在转子测点 3 附近添加对应的平衡配重后，再次起动转子采集键相信号和测点 3 处的位移，得出无试重平衡后测点 3 处的瞬态响应如图 7-32(a)所示，计算得到的无试重平衡后测点 3 处的动挠度如图 7-32(b)所示。

由瞬态动平衡系统绘制的 2 号动力涡轮转子测点 3 处平衡前后的伯德图如图 7-33 所示，平衡前后数据见表 7-18。从图 7-33 和表 7-18 中可以得出，在测点 3 处进行 2 号动力涡轮转子的瞬态动平衡方法，转速为额定工作转速的 39.29%时，测点 3 处平衡前后幅值降低 61.78%(平衡前后幅值为 157μm→60μm)；转速为额定工作转速的 68.04%时，测点 3 处平衡前后幅值降低 44.03%(平衡前后幅值为 293μm→164μm)。

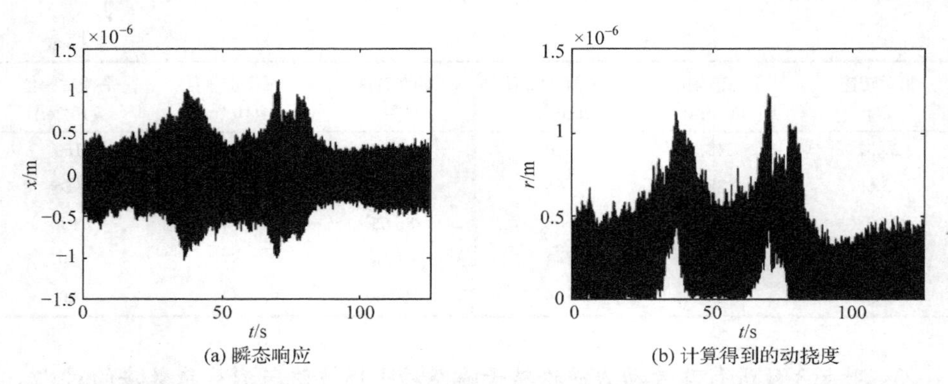

(a) 瞬态响应　(b) 计算得到的动挠度

图 7-32　瞬态动平衡方法平衡后 2 号动力涡轮转子测点 3 处瞬态响应和计算得到的动挠度

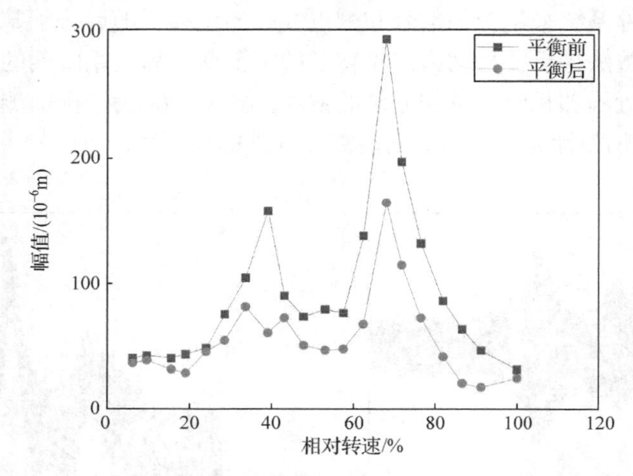

图 7-33　2 号动力涡轮转子瞬态动平衡方法平衡前后测点 3 处伯德图

表 7-18　2 号动力涡轮转子瞬态动平衡方法平衡前后测点 3 处幅值

相对转速/%	平衡前幅值/(10^{-6}m)	平衡后幅值/(10^{-6}m)	相对转速/%	平衡前幅值/(10^{-6}m)	平衡后幅值/(10^{-6}m)
6.26	40	36	53.21	79	46
9.70	42	38	57.66	76	47
15.69	40	31	62.49	137	67
19.19	43	28	68.04	293	164
24.22	48	45	71.91	197	114
28.73	75	54	76.60	131	72
33.75	104	81	82.01	86	41
39.29	157	60	86.65	63	20
43.28	90	72	91.24	46	17
47.99	73	50	100.00	31	24

以 0.34g∠5°为试重，运用影响系数法对转子在额定工作转速下进行平衡，通过影响系数法算得测点 3 处所需添加的平衡配重为 0.17g∠304°。在转子测点 3 附近添加相应的平衡配重，再次起动转子采集键相信号和测点 3 处的位移，得出影响系数法平衡后测点 3 处的瞬态响应如图 7-34(a)所示，计算得到的影响系数法平衡后测点 3 处的动挠度如图 7-34(b)所示。

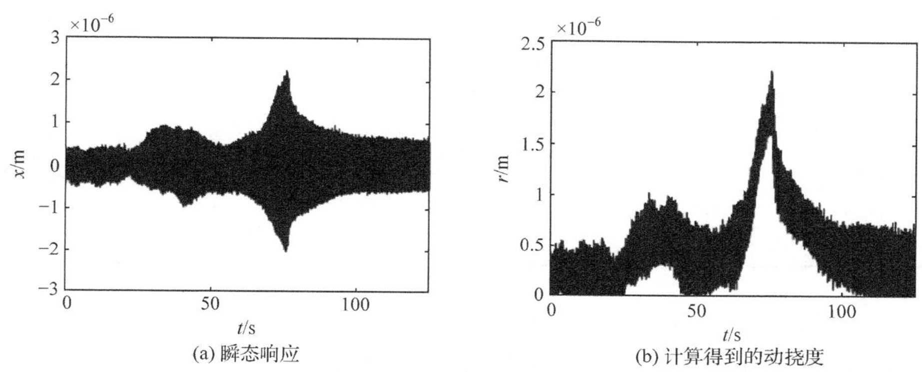

(a) 瞬态响应　(b) 计算得到的动挠度

图 7-34　影响系数法平衡后 2 号动力涡轮转子测点 3 处瞬态响应和计算得到的动挠度

由瞬态动平衡系统绘制的 2 号动力涡轮转子测点 3 处影响系数法平衡前后伯德图如图 7-35 所示，平衡前后数据见表 7-19。从图 7-35 和表 7-19 中可以得出，在测点 3 处进行 2 号动力涡轮转子的影响系数法平衡，转速为额定工作转速的 39.29%时，测点 3 处平衡前后幅值降低 63.06%(平衡前后幅值为 157μm→58μm)；转速为额定工作转速的 100.00%时，测点 3 处平衡前后幅值降低 41.94%(平衡前后幅值为 31μm→18μm)。总体来看，在测点 3 处，利用瞬态动平衡方法平衡的效果要优于影响系数法。

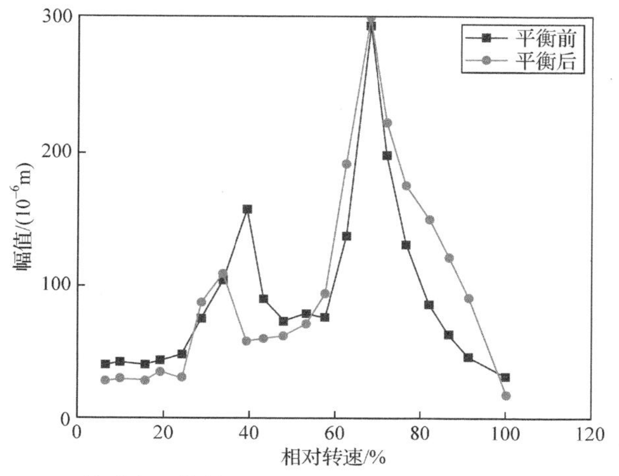

图 7-35　2 号动力涡轮转子影响系数法平衡前后测点 3 处伯德图

表 7-19　2 号动力涡轮转子影响系数法平衡前后测点 3 处幅值

相对转速 /%	平衡前幅值 /(10^{-6}m)	平衡后幅值 /(10^{-6}m)	相对转速 /%	平衡前幅值 /(10^{-6}m)	平衡后幅值 /(10^{-6}m)
6.26	40	28	53.21	79	71
9.70	42	30	57.66	76	94
15.69	40	28	62.49	137	191
19.19	43	35	68.04	293	300
24.22	48	31	71.91	197	222
28.73	75	87	76.60	131	175
33.75	104	109	82.01	86	150
39.29	157	58	86.65	63	121
43.28	90	60	91.24	46	91
47.99	73	62	100.00	31	18

本章首先对涡轴发动机动力涡轮转子进行了简介，在此基础上，归纳了动力涡轮转子的结构特点、平衡特点与难点的确定原则。

完成了瞬态动平衡系统动力涡轮转子试验数据采集的测试，通过与申克系统的对比，验证了瞬态动平衡系统在试验数据采集方面的准确性。

开展了涡轴发动机动力涡轮转子瞬态动平衡试验。通过涡轴发动机动力涡轮转子不同测点处的瞬态动平衡试验结果可以发现，瞬态动平衡方法对涡轴发动机动力涡轮转子的平衡是有效的，其平衡效果一般能够达到 40.63%～79.33%。通过与影响系数法的试验对比，表明瞬态动平衡方法能够达到与影响系数法相同的平衡精度，具备替代传统的影响系数法进行转子的动平衡的能力。

参考文献

[1] 孟光. 转子动力学研究的回顾与展望[J]. 振动工程学报, 2002, 15(1): 1-9.

[2] RANKINE W J M. On the centrifugal force of rotating shafts[J]. The Engineering, 1869, 27: 249.

[3] NEWKIRK B L. Shaft whipping[J]. General Electric Review, 1924, 27(3): 169-178.

[4] LUND J W. Review of the concept of dynamic coefficients for fluid film journal bearings[J]. Journal of Tribology, 1987, 109(1): 37-41.

[5] 付才高, 郑大平, 欧元霞, 等. 转子动力学及整机振动(航空发动机设计手册第 19 册) [M]. 北京: 航空工业出版社, 2000.

[6] MA H, SHI C Y, HAN Q K, et al. Fixed-point rubbing fault characteristic analysis of a rotor system based on contact theory[J]. Mechanical Systems and Signal Processing, 2013, 38(1): 137-153.

[7] LI C F, SHE H X, TANG Q S, et al. The effect of blade vibration on the nonlinear characteristics of rotor-bearing system supported by nonlinear suspension[J]. Nonlinear Dynamics, 2017, 89(1): 1-24.

[8] 江俊, 陈艳华. 转子与定子碰摩的非线性动力学研究[J]. 力学进展, 2013, 43(1): 132-148.

[9] DIMAROGONAS A D. Vibration of cracked structure: A state of the art review[J]. Engineering Fracture Mechanics, 1996, 55(5): 831-857.

[10] MA H, ZENG J, FENG R J, et al. Review on dynamics of cracked gear systems[J]. Engineering Failure Analysis, 2015, 55: 224-245.

[11] YU P C, WANG C, HOU L, et al. Dynamic characteristics of an aeroengine dual-rotor system with inter-shaft rub-impact[J]. Mechanical Systems and Signal Processing, 2022, 166: 108475.

[12] MA P P, ZHAI J Y, WANG Z H M, et al. Unbalance vibration characteristics and sensitivity analysis of the dual-rotor system in aeroengines[J]. Journal of Aerospace Engineering, 2021, 34(1): 04020094.

[13] LI L, LUO Z, HE F X, et al. Experimental and numerical investigations on an unbalance identification method for full-size rotor system based on scaled model[J]. Journal of Sound and Vibration, 2022, 527: 116868.

[14] WANG P F, XU H Y, YANG Y, et al. Dynamic characteristics of ball bearing-coupling-rotor system with angular misalignment fault[J]. Nonlinear Dynamics, 2022, 108(4): 3391-3415.

[15] ZHANG X T, YANG Y F, SHI M M, et al. An energy track method for early-stage rub-impact fault investigation of rotor system[J]. Journal of Sound and Vibration, 2022, 516: 116545.

[16] ZHANG X T, YANG Y F, MA H, et al. A novel diagnosis indicator for rub-impact of rotor system via energy method[J]. Mechanical Systems and Signal Processing, 2023, 185: 109825.

[17] XIA Y B, REN X M, QIN W Y, et al. Investigation on the transient response of a speed-varying rotor with sudden unbalance and its application in the unbalance identification[J]. Journal of Low Frequency Noise Vibration and Active Control, 2020, 39(4): 1065-1086.

[18] 屈梁生, 邱海, 徐光华. 全息动平衡技术: 原理与实践[J]. 中国机械工程, 1998, 9(1): 60-63.

[19] THEARLE E L. Dynamic balancing of rotating machinery in the field[J]. Applied Mechanics, 1934, 56(8): 745-753.

[20] BISHOP R E D, GLADWELL G M L. The vibration and balancing of an unbalanced flexible rotor[J]. Journal of

Mechanical Engineering Science, 1959, 1(1): 66-77.

[21] PARKINSON A G, BISHOP R E D. Residual vibration in modal balancing[J]. Journal of Mechanical Engineering Science, 1965, 7(1): 33-39.

[22] BISHOP R E D, PARKINSON A G. On the use of balancing machines for flexible rotors[J]. Journal of Engineering for Industry, 1972, 94(2): 561-572.

[23] KELLENBERGER W. Should a flexible rotor be balanced in *N* or (*N*+2) planes?[J]. Journal of Engineering for Industry, 1972, 94(2): 548-558.

[24] BAKER J G. Methods of rotor-unbalance determination[J]. Journal of Applied Mechanics, 1939, 6(1): A1-A6.

[25] GOODMAN T P. A least-squares method for computing balance corrections[J]. Journal of Engineering for Industry, 1964, 86(3): 273-277.

[26] LUND J W, TONNESON J. Analysis and experiments on multi-plane balancing of a flexible rotor[J]. Journal of Engineering for Industry, 1972, 94(1): 233-242.

[27] TESSARZIK J M, BADGLEY R H, FLEMING D P. Experimental evaluation of multiplane-multispeed rotor balancing through multiple critical speeds[J]. Journal of Engineering for Industry, 1976, 98(3): 988-998.

[28] DARLOW M S. A unified approach to the mass balancing of rotating flexible shafts[D]. Florida: The University of Florida, 1980.

[29] DARLOW M S, SMALLEY A J, PARKINSON A G. Demonstration of a unified approach to the balancing of flexible rotors[J]. Journal of Engineering for Power, 1981, 103(1): 101-107.

[30] PARKINSON A G, DARLOW M S, SMALLEY A J, et al. Theoretical introduction to the development of a unified approach to flexible rotor balancing[J]. Journal of Sound and Vibration, 1980, 68(4): 489-506.

[31] PARKINSON A G, DARLOW M S, SMALLEY A J, et al. An introduction to a unified approach to flexible rotor balancing[C]. ASME 1979 International Gas Turbine Conference and Exhibit and Solar Energy Conference, San Diego, 1980: 437-444.

[32] 邓旺群. 航空发动机柔性转子动力特性及高速动平衡试验研究[D]. 南京：南京航空航天大学, 2007.

[33] 张萌, 任兴民, 段向春. 单盘转子的瞬态不平衡动力相应分析[J]. 机械科学与技术, 2006, 25(1): 116-118.

[34] 黄金平, 任兴民, 张萌. 单盘柔性转子瞬态平衡[J]. 机械科学与技术, 2006, 25(2): 238-241.

[35] 黄金平, 任兴民. 一种识别单盘柔性转子不平衡的新方法[J]. 航空动力学报, 2008, 23(2): 293-298.

[36] 黄金平, 任兴民, 邓旺群. 混合平衡法的改进及其在柔性转子平衡中的应用[J]. 振动与冲击, 2008, 27(12): 47-51, 178.

[37] HUANG J P, REN X M. Application of the run-up unbalance response data to the two-plane balancing of flexible rotor[C]. Proceedings of the Second International Conference on Modelling and Simulation, Manchester, 2009, 1(1): 267-272.

[38] HUANG J P, REN X M. Imbalance identification of an over-hung rotors based on the accelerating response data[C]. Proceedings of the 2009 International Conference on Measuring Technology and Mechatronics Automation, Zhangjiajie, 2009, 2(2): 76-79.

[39] 黄金平, 任兴民, 邓旺群, 等. 基于不平衡加速响应信息的柔性转子双面平衡[J]. 航空学报, 2010, 31(2): 400-409.

[40] 黄金平, 任兴民, 邓旺群. 利用升速响应振幅进行柔性转子的模态平衡[J]. 机械工程学报, 2010, 46(5): 55-62.

[41] 岳聪, 任兴民, 邓旺群. 柔性转子加速过临界瞬态响应特征分析[J]. 机械科学与技术, 2013, 32(3): 395-398.

[42] 岳聪, 任兴民, 邓旺群, 等. 基于升速响应信息柔性转子系统的多阶多平面瞬态动平衡方法[J]. 航空动力学

报, 2013, 28(11): 2593-2599.

[43] 岳聪, 任兴民, 杨永锋, 等. 变速转子瞬时不平衡响应的精细算法[J]. 航空学报, 2014, 35(11): 3046-3053.

[44] YUE C, REN X M, YANG Y F, et al. Unbalance identification of speed-variant rotary machinery without phase angle measurement[J]. Shock and Vibration, 2015, 2015(1): 934231.

[45] YUE C, REN X M, YANG Y F, et al. A modified precise integration method based on Magnus expansion for transient response analysis of time varying dynamical structure[J]. Chaos Solitons and Fractals, 2016, 89: 40-46.

[46] 李涛, 任兴民, 岳聪, 等. 单盘转子突加不平衡瞬态响应特性研究[J]. 机械科学与技术, 2012, 31(6): 924-927.

[47] 夏冶宝, 任兴民, 杨永锋, 等. 双盘柔性转子突加不平衡瞬态响应研究[J]. 机械科学与技术, 2014, 33(2): 309-312.

[48] 岳聪, 任兴民, 邓旺群, 等. 航空发动机转子突加不平衡参数分析及 LQR 控制技术应用[J]. 振动与冲击, 2015, 34(17): 174-179.

[49] 夏冶宝, 任兴民, 秦卫阳, 等. 浮环挤压油膜阻尼器对模拟低压转子突加不平衡响应影响分析[J]. 航空动力学报, 2015, 30(11): 2771-2778.

[50] 夏冶宝, 任兴民, 杨永锋. 航空发动机动力涡轮转子悬臂分支结构建模与结构参数影响分析[J]. 西北工业大学学报, 2018, 36(4): 728-734.

[51] 傅超, 任兴民, 杨永锋, 等. 基于区间分析的不确定性转子系统动力特性计算[C]. 中国力学大会: 2017 暨庆祝中国力学学会成立 60 周年大会, 北京, 2017: 1608-1614.

[52] FU C, REN X M, YANG Y F, et al. Dynamic response analysis of an overhung rotor with interval uncertainties[J]. Nonlinear Dynamics, 2017, 89(3): 2115-2124.

[53] 傅超, 任兴民, 杨永锋, 等. 考虑参数不确定性的转子系统瞬态动平衡研究[J]. 动力学与控制学报, 2017, 15(5): 453-458.

[54] FU C, REN X M, YANG Y F. Non-probabilistic analysis of a double-disk rotor system with uncertain parameters[J]. Journal of Vibroengineering, 2018, 20(3): 1311-1321.

[55] FU C, REN X M, YANG Y F, et al. An interval precise integration method for transient unbalance response analysis of rotor system with uncertainty[J]. Mechanical Systems and Signal Processing, 2018, 107: 137-148.

[56] 傅超, 任兴民, 杨永锋, 等. 正交多项式在不确定转子动态响应计算中的应用及对比分析[J]. 航空动力学报, 2018, 33(9): 2228-2234.

[57] FU C, REN X M, YANG Y F, et al. Nonlinear response analysis of a rotor system with a transverse breathing crack under interval uncertainties [J]. International Journal of Non-Linear Mechanics, 2018, 105: 77-87.

[58] FU C, REN X M, YANG Y F. Vibration analysis of rotors under uncertainty based on Legendre series[J]. Journal of Vibration Engineering & Technologies, 2019, 7(1): 43-51.

[59] FU C, REN X M, YANG Y F, et al. Steady-state response analysis of cracked rotors with uncertain-but-bounded using a polynomial surrogate method[J]. Communications in Nonlinear Science and Numerical Simulation, 2019, 68: 240-256.

[60] 傅超, 任兴民, 杨永锋, 等. 基于加速不平衡响应的柔性转子无试重动平衡[J]. 西北工业大学学报, 2017, 35(5): 898-904.

[61] ZHAO S B, REN X M, DENG W Q, et al. A transient characteristic-based balancing method of rotor system without trail weights[J]. Mechanical Systems and Signal Processing, 2021, 148: 107117.

[62] ZHAO S B, REN X M, DENG W Q, et al. A novel transient balancing technology of the rotor system based on multi modal analysis and feature points selection[J]. Journal of Sound and Vibration, 2021, 510: 116321.

[63] DENG W Q, TONG M Y, ZHENG Q Y, et al. Investigation on transient dynamic balancing of the power turbine rotor and its application[J]. Advances in Mechanical Engineering, 2021, 13(4): 4511-4522.

[64] ZHAO S B, REN X M, LIU Y H, et al. A dynamic-balancing testing system designed for flexible rotor[J]. Shock and Vibration, 2021, 2021(1): 9346947.

[65] ZHAO S B, REN X M, ZHENG Q Y, et al. Transient dynamic balancing of the rotor system with uncertainty[J]. Mechanical Systems and Signal Processing, 2022, 171: 108894.

[66] 钟一谔, 何衍宗, 王正, 等. 转子动力学[M]. 北京: 清华大学出版社, 1987.

[67] 三轮修三, 下村玄. 旋转机械的平衡[M]. 朱晓农, 译. 北京: 机械工业出版社, 1992.

[68] 安胜利, 杨黎明. 转子现场动平衡技术[M]. 北京: 国防工业出版社, 2006.

[69] 王汉英, 张再实, 徐锡林. 转子平衡技术与平衡机[M]. 北京: 机械工业出版社, 1988.

[70] 顾家柳, 丁奎元, 刘启洲, 等. 转子动力学[M]. 北京: 国防工业出版社, 1985.

[71] LI H Q, JIANG J H, CUI W X, et al. One novel dynamic-load time-domain-identification method based on function principle[J]. Applied Sciences-Basel, 2022, 12(19): 9623.

[72] XU X, ZHU Y S, TIAN K J, et al. Study on an integral algorithm of load identification based on displacement response[J]. Sensors, 2021, 21(19): 6403.

[73] MIAO B R, ZHOU F, JIANG C Y, et al. A load identification application technology based on regularization method and finite element modified model[J]. Shock and Vibration, 2020, 2020(1): 8875697.

[74] YIN B, ZHAO L W, HUANG X Q, et al. Research on non-intrusive unknown load identification technology based on deep learning[J]. International Journal of Electrical Power & Energy Systems, 2021, 131: 107016.

[75] ANGGRIAWAN D O, AMSYAR A, TJAHJONO A. Load identification using harmonic based on probabilistic neural network[J]. Emitter-International Journal of Engineering Technology, 2019, 7(1): 71-82.

[76] MAO W G, ZHANG N N, FENG D, et al. A proposed bearing load identification method to uncertain rotor systems[J]. Shock and Vibration, 2021, 2021 (1): 6615761.

[77] GAI X N, YU K P. Experimental study of a multipoint random dynamic loading identification method based on weighted average technique[J]. Shock and Vibration, 2019, 2019 (1): 1-10.

[78] 肖彪, 蒋邹, 戴隆翔, 等. 转子压缩机的等效激励力识别及有限元验证[J]. 振动、测试与诊断, 2021, 41(4): 723-729, 831-832.

[79] 程光, 任芳, 杨兆建. 双跨转子系统的载荷识别方法研究[J]. 煤炭技术, 2018, 37(6): 278-280.

[80] 姜金辉, 张方. 结构动载荷识别方法[M]. 北京: 清华大学出版社, 2023.

[81] 杨波, 杨兆建, 杨亚东. 作用于转子系统的叠加正弦载荷识别研究[J]. 机械设计与制造, 2020, 58(7): 13-16.

[82] 邓军. 旋转结构动载荷时域识别技术研究[D]. 南京: 南京航空航天大学, 2010.

[83] 张淼, 于澜, 鞠伟. 基于频响函数矩阵计算阻尼系统动力响应的新方法[J]. 振动与冲击, 2014, 33(4): 161-166.

[84] YANG R, TSUNODA W, HAN D, et al. Frequency response function measurement of a rotor system utilizing electromagnetic excitation by a built-in motor[J]. Journal of Advanced Mechanical Design Systems and Manufacturing, 2020, 14(4): 19-00356.

[85] KREUTZ M, MAIERHOFER J, THÜMMEL T, et al. Simultaneous identification of free and supported frequency response functions of a rotor in active magnetic bearings[J]. Actuators, 2022, 11(6): 144.

[86] 杨稀, 臧朝平, 周标, 等. 基于恒位移测试的转子系统非线性支承刚度参数辨识研究[J]. 机械制造与自动化, 2019, 48(5): 29-33.

[87] 夏恒恒, 李志农, 肖尧先. 基于非线性输出频率响应函数的斜裂纹转子故障诊断方法研究[J]. 机械强度, 2017,

39(2): 239-246.

[88] 刘健. 多工位全自动动平衡机设计方法及关键技术研究[D]. 杭州: 浙江大学, 2005.

[89] 唐广. 航空发动机高速柔性转子动力特性和平衡技术研究[D]. 长沙: 湖南大学, 2012.

[90] 聂卫健, 邓旺群, 卢艳辉, 等. 带非定心挤压油膜阻尼器柔性转子动力学与试验研究[J]. 燃气涡轮试验与研究, 2022, 35(4): 35-39.

[91] 冯义, 邓旺群, 刘文魁, 等. 同心与非同心挤压油膜阻尼器减振特性对比试验研究[J]. 机械科学与技术, 2023, 42(6): 978-984.

[92] 聂卫健, 邓旺群, 皮滋滋, 等. 民用涡轴发动机动力涡轮转盘破裂转速研究[J]. 燃气涡轮试验与研究, 2021, 34(5): 33-38.

[93] 邓旺群, 刘文魁, 卢波, 等. 过渡段横向刚度对悬臂动力涡轮模拟转子临界转速的影响[J]. 燃气涡轮试验与研究, 2021, 34(2): 1-7.

[94] 刘文魁, 邓旺群, 卢波, 等. 带柔性过渡段悬臂动力涡轮转子动力学研究[J]. 燃气涡轮试验与研究, 2019, 32(2): 34-41.

[95] 聂卫健, 卢愈, 唐广, 等. 航空发动机转子在冲击载荷下的振动响应分析与试验[J]. 振动与冲击, 2023, 42(22): 339-344.

[96] 聂卫健, 王金舜, 唐广, 等. 冲击载荷下航空发动机转子振动特性试验方法[J]. 振动与冲击, 2023, 42(19): 1-6.

[97] 聂卫健, 邓旺群, 陈亚农, 等. 涡扇发动机柔性转子涡轮结构改进与动力特性研究[J]. 燃气涡轮试验与研究, 2022, 35(1): 6-10.

[98] 夏冶宝. 柔性转子系统突加不平衡响应特性研究[D]. 西安: 西北工业大学, 2021.